装配式建筑 BIM 工程管理

卢军燕 宋 宵 司 斌 著

吉林科学技术出版社

图书在版编目（CIP）数据

装配式建筑 BIM 工程管理 / 卢军燕，宋宵，司斌著
. -- 长春：吉林科学技术出版社，2022.4
ISBN 978-7-5578-9310-1

Ⅰ. ①装… Ⅱ. ①卢… ②宋… ③司… Ⅲ. ①建筑工
程－装配式构件－工程管理－应用软件 Ⅳ. ①TU71-39

中国版本图书馆 CIP 数据核字(2022)第 072783 号

装配式建筑 BIM 工程管理

著	卢军燕 宋 宵 司 斌
出 版 人	宛 霞
责任编辑	孔彩虹
封面设计	林 平
制 版	北京荣玉印刷有限公司
幅面尺寸	185mm×260mm
开 本	16
字 数	226 千字
印 张	11.25
印 数	1–1500 册
版 次	2022年4月第1版
印 次	2022年4月第1次印刷

出 版	吉林科学技术出版社
发 行	吉林科学技术出版社
地 址	长春市南关区福祉大路5788号出版大厦A座
邮 编	130118
发行部电话/传真	0431-81629529 81629530 81629531
	81629532 81629533 81629534
储运部电话	0431-86059116
编辑部电话	0431-81629510
印 刷	廊坊市印艺阁数字科技有限公司

书 号	ISBN 978-7-5578-9310-1
定 价	58.00元

编审会

张盛楠　杨　挺　文仲华

陈圆圆　邢毅铭　刘　闯

吴国玲　张晓翠　董　涛

周　敏　耿真真　王宇轩

前　言

PREFACE

　　随着当前我国科学技术的不断发展，建筑设计行业越来越明显的创新发展趋势也逐渐显现出来，尤其是各类数字化以及信息化技术手段的应用，更使建筑工程项目的实施效率和水平得以提升，在建筑工程设计环节这一点同样也得到了较好的体现。建筑设计中应用BIM 技术就是其中比较有代表性的一个方面，BIM 技术确实在建筑工程设计中表现出了较强的应用价值，不管是整个建筑行业的发展要求，还是建筑设计自身的发展需求，都可以借助于 BIM 技术来实现。

　　工程建设项目在规模上、形态上以及功能上越来越复杂，于是人们根据计算机软件和硬件的水平提出以工程数字模型为核心的 BIM 全新的设计和管理概念。BIM 模型设计可以解决传统建筑系统设计由平面图、立体图以及剖面图等二维图纸带来的信息偏差问题，在后期实施过程不会产生许多的问题，使最终设计成果能够完美地展现。设计工作完全是为了在项目施工前做好计划，能够周全、有效地减少施工过程中出现的种种问题，促进建筑工程项目质量的提升。相较于传统的三维模型，BIM 技术还有很多的优点。与传统的三维模型相比，在完成建筑构建的空间尺寸与物理特性上，BIM 模型是一个参数化的信息模型。它可以在软件的支持下对模型的内部用料情况进行自动统计，生成材料用料明细表，为 BIM 模型在后期的控制材料用料上提供重要依据，除此之外，BIM 模型还具有碰撞检查的功能，在设计成果交付前利用软件对内部进行碰撞检查，可以有效地减少设计失误。BIM 模型因是参数化信息模型，所以能够与最终生成的二维施工图建立对应的逻辑关系，即施工图的信息会随着模型内某处信息的修改而完成修改，完全避免了对施工图纸进行反复修改以及对应信息错误的现象。

　　建筑设计、施工和运营的过程需要不断优化，而通过 BIM 技术能够实现更加优化的效果。优化过程与信息复杂程度及时间相关，其中信息的准确性是合理优化的保障，而BIM 模型能够提供建筑物确实存在的几何、物理、规则、结构变化等相关信息。而复杂程度如果过高，设计人员只能借助科技手段和相关设备才能完成设计工作。面对复杂的现代建筑，BIM 及其相关配套工具给优化复杂建筑工程项目提供了机会。

　　本书共分为九章。第一章为 BIM 概述，主要介绍了 BIM 内涵、BIM 与 CAD 的发展历程、BIM 对建筑业的影响及所面临的挑战以及基于 BIM 的 IPD 模式；第二章对 BIM 国内外应用现状做了相对详尽的介绍，详细介绍了全球 BIM 应用现状、国家 BIM 标准及政策以及应用 BIM 障碍；第三章介绍了 BIM 软件以及 BIM 模型构件等级，包括 BIM 软件、BIM 平台以及 BIM 模型构件等级；第四章是建筑业信息化概述，主要介绍了建筑业的内涵和建筑业信息化的内涵；第五章是我国建筑设计领域 BIM 技术应用现状及其发展阻碍因素研究，主要阐释的是 BIM 技术在具体实际案例运用中，在建筑设计的各个环节所存在的一些问题，并对其进行分析，在此过程中，将用两个案例进行具体的分析；第六章对 BIM 技术在绿色住宅建筑设计中的应用研究做了相对详尽的介绍，主要对 BIM 技术在绿色建筑评价中的应用、基于 BIM 技术的绿色建筑设计研究以及绿色建筑结合 BIM 技术在工程中的应用进行了一一介绍；第七章是基于 BIM 的装配式建筑设计施工协同机制研究，重点介绍了基于 BIM 技术的装配式建筑的协同机制总体设计、基于 BIM 的装配式建筑设计阶段协同设计管理体系研究以及基于 BIM 的装配式建筑施工阶段协同管理体系研究；第八章是基于超高层建筑设计的 BIM 技术应用研究；第九章是基于 BIM 技术的建筑设计质量评价应用研究，主要介绍基于 BIM 技术的建筑设计质量影响因素、设计质量评价指标选取的相关理论、基于 BIM 技术的设计质量评价指标体系的建立以及设计质量评价指标等级的确定。

本书在撰写过程中，参考、借鉴了大量著作与部分学者的理论研究成果，在此一一表示感谢。

由于作者精力有限，加之行文仓促，书中难免存在疏漏与不足之处，望各位专家学者与广大读者批评指正，以使本书更加完善。

目 录
CONTENTS

第一章 BIM概述

第一节 BIM内涵

一、BIM起源与发展

千百年来，人们一直以二维的图形文件作为表达设计构思的手段和传递信息的媒介，但二维的信息表达方式本身具有很大的局限性，限制了人们的构思和交流，于是人们开始借助模型来表达构思或分析事物。模型，从本义上讲，是原型（研究对象）的替代物，是用类比、抽象或简化的方法对客观事物及其规律的描述，模型所反映的客观规律越接近真实规律、表达原型附带的信息越详尽则模型的应用水平就越高。在早期阶段，建筑师常常制作实体模型作为建筑表现手段，随着计算机技术的发展，研究人员开始在计算机上进行三维建模。早期的计算机三维模型是用三维线框图去表现建筑物，这种模型比较简单，仅能用于几何形状和尺寸的分析。后来出现了用于三维建模和渲染的软件，可以给建筑物表面赋予不同的颜色以代表不同的材质，可以生成具有实景效果的三维建筑图，但是这种三维模型仅仅是建筑物的表面模型，没有建筑物内部空间的划分，只能用来推敲设计的体量、造型、立面和外部空间，并不能用于设计分析和施工规划。随着建筑工程规模越来越大，附加在建筑工程项目上的信息量也越来越大。

当代社会对信息的日益重视使人们认识到信息会对项目整个建设周期乃至整个生命周期产生重要影响，信息利用水平直接影响到项目建设目标的实现水平。因此，十分需要在建筑工程中应用合理的方法和技术来处理各种信息，建立起科学的、能够支持项目整个建设周期的信息模型，实现对信息的全面管理。

近年来，BIM无论是作为一种新的理念，还是作为一种新的生产方式都得到了业内广泛的关注。很多人都认为BIM是一个新事物，但实际上，BIM的思想由来已久。早在40多年前，被誉为"BIM之父"的伊斯特曼（1975）教授就提出了BIM的设想，预言未来将会出现可以对建筑物进行智能模拟的计算机系统，并将这种系统命名为"Building Description System"。在20世纪70年代和80年代，BIM的发展虽然受到CAD的冲击，但学术界对BIM的研究从来没有中断。在欧洲，主要是芬兰的一些学者对基于计算机的智能模型系统"Product Information Model"进行了广泛的研究，而美国的研究人员则把这种系统称为"Building Product Model"。1986年，美国学者罗伯特·艾什提出了"Building Modeling"的概念，这一概念与现在业内广泛接受的BIM概念非常接近，包括三维特征、自动化的图纸创建功能、智能化的参数构件、关系型数据库等。在"Building Modeling"概念提出不久，Building Information Modeling的概念就被提出。但当时受计算机硬件与软件水平的影响，BIM的思想还只是停留在学术研究的范畴，并没有在行业内得到推广。BIM真正开始流行是在2000年之后，得益于软件开发企业的大力推广，很多业内人士开始关注并研究BIM。目前，与BIM相关的软件、互操作标准都得到了快速的发展，Autodesk、Bentley、Graphisoft等全球知名的建筑软件开发企业纷纷推出了自己的产品，BIM不再是学者在实验室研究的概念模型，而是变成了在工程实践中可以实施的商业化工具。

二、BIM定义

（一）BIM的概念

很多组织都对BIM的含义进行过诠释，其中既有著名的软件公司（Autodesk、Bentley和Graphisoft）和建筑企业（DPR建筑公司、Magraw-Hill建筑信息公司），也有行业协会（美国建筑师协会AIA、美国总承包商协会AGC）、政府部门（美国总务管理局GSA）和科研机构（美国建筑科学研究院MBS、佐治亚理工大学建筑学院）。

Autodesk公司是全球最大的建筑软件开发商，也是对BIM研究最为深入的组织之一。2000年后，Autodesk公司一直致力于在全球范围内推广BIM。其发布的《Autodesk BIM白皮书》对BIM进行了如下定义（Autodesk 2002）：BIM是一种用于设计、施工、管理的方法，运用这种方法可以及时并持久地获得质量高、可靠性好、集成度高、协作充分的项目信息。

美国建筑科学研究院联合设施信息委员会等国际著名的建筑协会一起编制了国家建筑信息模型标准NBIMS（NIBS 2008），其中对BIM进行了如下定义：建筑信息模型（Building Information Model）是对设施的物理特征和功能特性的数字化表示，它可以作为信息的共享源从项目的初期阶段为项目提供全生命周期的信息服务，这种信息的共享可以为项目决策提供可靠的保证，这一定义是目前对Building Information Model较为权威的阐释，在行业内得到了广泛认可。

国际标准组织设施信息委员会（FIC 2008）对BIM进行了定义：BIM是在开放的工业标准下对设施的物理和功能特性及其相关的项目生命周期信息的可计算或可运算的形式表现，从而为决策提供支持，以便更好地实施项目的价值。

美国的佐治亚理工学院的伊斯特曼教授被誉为"BIM之父"，根据他与另外三位BIM研究专家在《BIM手册》中对BIM的定义：Building Information Model是对建筑设施的数字化、智能化表示，Building Information Modeling是应用这种模型进行建筑物性能模拟、规划、施工、运营的活动，建筑信息模型不是一个对象，而是一种活动。

我国已颁布的《建筑信息模型应用统一标准》（GB/T 51212—2016）和《建筑信息模型施工应用标准》（GB/T 51235—2017）将BIM定义为：建筑信息模型Building Information Modeling，Building Information Model（BIM）是在建设工程及设施全生命期内，对其物理和功能特性进行数字化表达，并依此设计、施工、运营的过程和结果的总称。

从上述定义可以看出，Building Information Model和Building Information Modeling虽然都可以缩写为BIM，但却有着不同的含义，前者是一个静态的概念，而后者是一个动态的概念。因此，对BIM的含义的分析也从静态与动态两个方面加以理解：静态的建筑信息模型（Building Information Model）可以从Building、Information、Model三个方面去解释。Building代表的是BIM的行业属性，BIM服务的对象是建筑业而非其他行业，其他行业也有产品数据模型，如制造业的Product Data Model。Information是BIM的灵魂，BIM的核心是在不同的项目阶段为不同的组织提供各种与建筑产品相关的信息，包括几何信息、物理信息、功能信息、价格信息等。Model是BIM的信息创建和存储形式，建筑设施的信息可以表达成多种方式，如图纸、文本文件、Excel表格等，而BIM中的信息是以模型的形式创建和存储的，而这个模型具有三维、数字化、面向对象等特征。由于建筑物的方案、设计、施工、交付是一个过程，因此，Building Information Model的应用也是一个过程，应用模型来进行设计、建造、运营、管理的过程可以被认为是Building Information Modeling，而随着建设过程的推进，Building Information Model中的信息也在不断地被补充和完善。例如，方案设计阶段的BIM模型需要有房间功能和系统功能信息，扩充设计阶段的BIM模型需要有空间布置、房间数量、房间功能、系统信息、产品尺寸等信息，施工阶段的BIM模型需要有竣工资料、产品数据、序列号、标记号、产品保用书、备件、供应商等信息，因此，BIM模型中的信息在不断地被补充和完善，而不是静止不变的，"BIM"根据其应用背景不同可有不同的含义，当表达静态模型的含义时，可以理解为是Building Information Model的缩写，当特指模型应用过程时，可以理解为是Building Information Modeling的缩写。

（二）BIM概念的扩展

随着BIM应用范围的日益广泛和应用层次的逐渐深入，BIM的内涵也在不断发生变化。Autodesk（2007）提出，BIM不仅仅是一种建筑软件的应用，它还代表了一种新的思维方式和工作方式，它的应用是对传统的以图纸为信息交流媒介的生产范式的颠覆。费奈斯（2007）在其著作《广义BIM与狭义BIM》中指出，BIM的内涵具有狭义和广义之分，狭义的BIM主要指对BIM软件的应用，广义的BIM考虑了组织与环境的复杂性及关联性对信息管理的影响，目的是帮助项目在适当的时间、地点获取必要的信息。麦格劳-希尔建筑信息公司（2007）在其出版的BIM专著《建筑信息模型——利用4D CAD和模拟来规划和管理项目》中对BIM的内涵做出了这样的界定：BIM不仅仅是一种工具，也是通过建立模型来加强交流的过程，作为一种工具，它可以使项目各参与方共同创建、分析、共享和集成模型，作为一个过程，它加强了项目组织之间的协作，并使他们从模型的应用过程中受益。美国建筑科学研究院在《国家建筑信息模型标准》（NBIMS）中对广义BIM的含义做了阐释（NIBS 2008）：BIM包含了三层含义，第一层是作为产品的BIM，即指设施的数字化表示；第二层是指作为协同过程的BIM；第三层是作为设施全生命周期管理工具的BIM。伊斯特曼教授（2008）在著作 *BIM Handbook* 中指出BIM并不能简单地被理解为一种工具，它体现了建筑业广泛变革的人类活动，这种变革既包括了工具的变革，也包含了生产过程的变革。由此可见，随着BIM理论的不断发展，广义的BIM已经超越了最初的产品模型的界限，正被认同为一种应用模型来进行建设和管理的思想和方法，这种新的思想和方法将引发整个建筑生产过程的变革。

国际BIM最权威组织是bSI（building SMART International），它在 *The BIM Evolution Continues with OPEN BIM* 的论文中表达出准确的观点，被业内人士所广泛接受和认可。相关观点如下：

BIM是一个缩写，代表三个独立但相互联系的功能：

Building Information Modeling是一个在建筑物生命周期内设计、建造和运营中产生和利用建筑数据的业务过程。BIM让所有利益相关者有机会通过技术平台之间的互用性同时获得同样的信息。

Building Information Model是设备的物理和功能特性的数字化表达。因此，它作为设施信息共享的知识资源，在其生命周期中从开始起就为决策形成了可靠的依据。

Building Information Management是对在整个资产生命周期中，利用数字原型中的信息实现信息共享的业务流程的组织与控制。其优点包括集中的、可视化的通信，多个选择的早期探索，可持续发展的、高效的设计，学科整合，现场控制，竣工文档等——使资产的生命周期过程与模型从概念到最终退出都得到有效发展。

从以上可以看出，BIM的含义比起它问世时已大大拓展，它既是Building Information Modeling，同时也是Building Information Model和Building Information Management。

结合前面有关BIM的各种定义，连同NBIMS-US和bSI这两段的论述，可以认为，BIM的含义应当包括三个方面：

① BIM是设施所有信息的数字化表达，是一个可以作为设施虚拟替代物的信息化电子模型，是共享信息的资源，即Building Information Model，称为BIM模型。

② BIM是在开放标准和互用性基础之上建立、完善和利用设施的信息化电子模型的行为过程，设施有关的各方可以根据各自职责对模型插入、提取、更新和修改信息，以支持设施的各种需要，即Building Information Modeling，称为BIM建模。

③ BIM是一个透明的、可重复的、可核查的、可持续的协同工作环境，在这个环境中，各参与方在设施全生命周期中都可以及时联络，共享项目信息，并通过分析信息，作出决策和改善设施的交付过程，使项目得到有效的管理，也就是Building Information Management，称为建筑信息管理。

在以上的观点中，BIM模型是基础，因为它提供了共享信息的资源，有了资源才有发展到BIM建模和建筑信息管理的基础；而建筑信息管理则是实现BIM建模的保证，如果没有一个实现有效工作和管理的环境，各参与方的沟通联络以及各自负责对模型的维护、更新工作将得不到保证。BIM建模是最重要的部分，它是一个不断应用信息完善模型、在设施全生命周期中不断应用信息的行为过程，最能体现BIM的核心价值。但是不管怎样，在BIM中最核心的东西就是"信息"，正是这些信息把三个部分有机地串联在一起，形成了一个BIM的整体。如果没有了信息，也就不会有BIM。

（三）BIM的衡量标准

尽管BIM的概念已经表达了BIM工具应具有的特征，但仅凭概念仍难以准确掌握，不少人将BIM和传统的三维建模工具（如3D Max、3D CAD）等同起来。为了能更好地认识和区分BIM工具和传统的三维建模工具的差别，有些组织和研究人员提出了BIM的衡量标准。

伊斯特曼等（2008）提出BIM应具备以下四个特征：

① 采用智能化（计算机可以识别的）与数字化的方式来表示建筑构件。

② 构件中内含的信息可以表达构件的属性和行为，支持数字化分析工作。

③ 模型中所有的信息可以达到一致关联。

④ 模型的数据库将作为建设过程中产品信息的唯一来源。

2006年，美国资深BIM应用单位M. A. Mortenson公司提出了BIM衡量标准。该公司是美国最早将BIM应用于实践的承包商，曾在建造世界著名的迪士尼音乐厅项目中成功应用BIM技术。该公司将BIM理解为对建筑设施的智能化模拟，并认为成熟的BIM需具备以下六个特征：

① 数字化：可以对设计和施工过程进行模拟。

② 多维化：模型需是三维的，可以更好表达复杂的建设情景。

③ 可量化：模型中的数据需是定量的、可计量维度的、可查询的。

④ 全面性：模型应能反映设计意图、体现建筑效果、可以考察设施的可建造性、能反映设施的时间和财务信息。

⑤ 可获得性：项目中的不同参与方可通过协同工作来获得所需的数据。

⑥ 可持久性：模型中的信息可以用于项目的各个阶段。

国内BIM专家何关培先生认为，可以称为BIM工具的软件应包括以下五个特征：

① 可视化：具有"所见即所得"的功能。

② 协调：可以利用软件发现和解决不同系统中存在的冲突和障碍。

③ 模拟：能够对现实中的建设任务进行虚拟演示和分析。

④ 优化：在模拟分析的基础上可以对建设任务提出改进的方向。

⑤ 出图：根据创建的模型自动生成图纸。

美国《国家建筑信息模型标准》指出：BIM的概念、含义及工具都处在不断发展的过程中，随着其技术水平的提高和应用的深入，业界对BIM的认识正在逐渐提高，同时对BIM的衡量标准也会逐渐提高。因此，BIM是一个不断发展变化的概念。该报告提出了用11个指标来衡量BIM的成熟度，即数据的丰富性、全生命周期视角、变更管理、多专业的协作、业务流程、数据采集的实时性、信息的可视化、有效传递性、空间定位能力、信息的精确性、协同能力。在这11项指标中，信息的可视化、信息的精确性、数据的丰富性、有效传递性及协同能力五项指标是对当前BIM工具的要求，而全生命周期视角、业务流程、变更管理、数据采集的实时性和空间定位能力等要求则不作为当前阶段BIM应用的基本要求，而是在将来需要实现的目标。

上述BIM界定标准存在一定的差异，造成差异的原因在于评价角度不同。在当前阶段，凡是具有多维化、参数化、智能化基本特征的建筑设计工具都可以认为是BIM工具，BIM工具不是针对某一参与方和某一阶段的某一种工具，它包括服务于整个建设生产周期的所有软件，如设计、分析、模拟、造价等。当然，随着时间的推移，人们对BIM工具的技术和功能要求也会越来越高，BIM工具的界定标准也会不断提高，现在被认为达到BIM工具基本要求的设计、分析软件在将来可能就无法满足对BIM的界定标准。

（四）BIM模型架构

人们常以为BIM模型是一个单一的模型，但到了实际操作层面，由于项目所处的阶段不同、专业分工不同、实现目标不同等多种原因，项目的不同参与方还必须拥有各自的模型，例如，场地模型、建筑模型、结构模型、设备模型、施工模型、竣工模型等。这些模型是从属于项目总体模型的子模型，但规模比项目的总体模型要小。

所有的子模型都是在同一个基础模型上生成的，这个基础模型包括了建筑物最基本的构架：场地的地理坐标与范围、柱、梁、楼板、墙体、楼层、建筑空间等，而专业的子模型就是在基础模型的上面添加各自的专业构件形成的。这里专业子模型与基础模型的关系就相当于一个引用与被引用的关系，基础模型的所有信息被各个子模型共享。

因此，BIM模型的架构通常包含四个层次：子模型层、专业元素层、共享元素层和资源数据层，这四层全部总体合成为项目的BIM模型。

BIM模型中各层应包括的元素如下：

① 子模型层，包括按照项目全生命周期中的不同阶段创建的子模型，也包括按照专业分工建立的专业子模型。

② 专业元素层，包含每个专业特有的构件元素及其属性信息，如结构专业的基础构件、给排水专业的管道构件等。

③ 共享元素层，包括基础模型的共享构件、空间结构划分（如场地、楼层）、相关属性、相关过程（如任务过程、事件过程）、关联关系（如构件连接的关联关系、信息的关联关系）等元素，这里所表达的是项目的基本信息、各子模型的共性信息以及各子模型之间的关联关系。

④ 资源数据层，应包括描述几何、材料、价格、时间、责任人、物理、技术标准等信息所需的基本数据。

在BIM模型的构建过程中，应保证以下几点内容：

① BIM软件宜采用开放的模型结构，也可采用自定义的模型结构。

② BIM软件创建的模型，其数据应能被完整提取和使用。

③ 子模型应根据不同专业或任务需求创建和统一管理，并确保相关子模型之间信息共享。

④ 模型应根据建设工程各项任务的进展逐步细化，其详细程度宜根据建设工程各项任务的需要和有关标准确定。

三、BIM的技术特征

（一）参数化

BIM几乎不用以CAD为基础的技术，它的核心技术是参数化建模技术。操作的对象不再是点、线、圆这些简单的几何对象，而是墙体、门、窗、梁、柱等建筑构件。BIM将设计模型（几何形状与数据）与行为模型（变更管理）有效结合起来，在屏幕上建立和修改的不再是一堆没有建立起关联关系的点和线，而是由一个个建筑构件组成的建筑物整体。BIM立足于在数据关联的技术上进行三维建模，模型建立后，可以随意生成各种平、立、剖二维图纸，并保持视图之间实时、一致的关联，如果修改了平面图，相关的修改马上就可以在立面图、剖面图、效果图、明细统计表以及其他相关图纸上表达出来，杜绝了图纸之间不一致的情况，这样可以减少设计引起的错误，提高设计工作效率，保证设计质量。

（二）多维化

相比CAD设计软件，BIM最大的特点就是摆脱了几何模型的束缚，开始在模型中承载更多的非几何信息，例如，材料的耐火等级、材料的传热系数、构件的造价与采购信息、质量、受力状况等一系列扩展信息。建筑信息模型中的基本构件元素称为族，它不仅包括了构件的几何信息，还包括了构件的物理信息和功能信息。表1-1为一个梁族参数表，这个梁族参数有3D描述参数、空间位置参数、物理量参数、标识参数、材质参数、受力分析参数等，这些参数信息都是以此型钢为载体，以数据库的形式储存的，并且可以贯穿于整个项目周期。随着建设过程的延伸，有关建筑产品的信息会不断被以结构化的形式保存，实现建设过程信息的连续流动。正是BIM构件信息的多元化特征使其除了具有一般3D模型的功能外，还可以模拟建筑设施的一些非几何属性，如能耗分析、照明分析、冲突检查等。

表1-1　梁族参数

3D描述参数	几何参数	物理量参数	标识参数	受力分析参数
梁高h	参照标高	面积A	部件代码	开始F_z, F_y, F_x
梁板厚度t	Z方向对正	惯性矩I_x	注释记号	开始M_z, M_y, M_x
翼缘宽b	起点延伸	惯性矩Z_x	型号	结束F_z, F_y, F_x
翼缘厚度s	重点延伸	质量M	材质	结束M_z, M_y, M_x
倒角半径r	……	公称N	URL	开始发布
体积v		……	成本	分析
……			……	……

（三）可协作性

由于BIM内含的信息覆盖范围包括了项目的整个建设周期，模型必须包含相当多的建筑元素才能满足项目各参与方对信息的需求。从理论上说，BIM系统实现方法有两种，一种是使用单一中央数据库的综合模型，另一种是使用联合数据库的分类模型。从计算机实现的角度来看，使用单一中央数据库的综合模型困难较大，统一的中央数据库需要包含建筑模块、结构分析模块、预算模块、能耗分析等评估模块以及一些辅助决策模块等，这样一个高度集成的系统需要耗费大量的资源进行维护，特别是对大型建设项目而言，统一的数据库不仅难以管理而且风险很大，可操作性不强。而使用联合数据库的分类模型则可以有效克服上述弊端，让不同专业的组织参与方通过一个模型进行交流，从设计准备到扩初设计再到施工图设计的各阶段，不同的组织参与方通过基本模型获取所需的信息来完成自己的专业模型，然后把他们的成果通过IFC格式交换反馈到信息模型当中，传递到下一个阶段以供使用和参考，这种系统可行性强，而且模型在整个生命周期中可以充分利用。事实上，目前使用的BIM系统大都采用联合数据库的分类模型，而最终的信息集成则依靠专门的集成软件来实现。

（四）标准化

BIM的核心是数据的交换与共享，而解决信息交换与共享的核心在于标准的建立，有了统一的数据表达和交换标准，不同系统之间才能有共同语言，数据的交换和共享才能实现。基于这种思想，国际协同工作联盟IAI（International Alliance for Interoperability）制定了建筑业国际工业标准IFC（Industry Foundation Classes）。IFC

是一个计算机可以处理的建筑数据表示和交换标准，其目标是提供一个不依赖于任何具体系统的，适合于描述贯穿整个建筑项目生命周期内产品数据的中性机制，可以有效地支持建筑行业各应用系统之间的数据交换和建筑物全生命周期的数据管理。IFC标准使不同的建筑软件能协同工作，保证数据的一致性。应用软件开发商只需遵循这套规范对建筑产品数据进行描述，或是为系统提供标准的数据输入输出接口，就可以实现与其他同样遵循IFC标准的应用系统之间的数据交换。2002年，IFC正式被接收成了国际标准（ISO标准），它目前已成为国际建筑业事实上的工程数据交换标准。

（五）跨组织性

正是BIM的上述技术特征，BIM能将异构的、没有联结的建设项目各参与方通过一个共享的数字化基础平台联结在一个协作环境中。有学者通过实证研究表明BIM应用在明显改变单个组织活动方式的同时，也会对项目其他参与方之间的沟通方式、权责关系以及整个行业的市场结构带来巨大变革，且BIM的成功应用往往需要企业内部各部门、项目各个参与方乃至全行业各类从业人员的共同努力。

第二节　BIM与CAD的发展历程

计算机辅助建筑设计（Computer-Aided Architectural Design，CAAD）在建筑设计业中的应用自20世纪60年代至今经历了几个发展阶段（图1-1）。但是传统的CAD技术并不能实现真正意义上的"计算机辅助设计"，其实现的只是"计算机辅助制图"，是一种纯图形设计，设计数据彼此无法建立关联，并最终使建筑信息出现割裂和缺损。因此，对建设工程生命周期各个阶段信息集成的需求越来越迫切。20世纪90年代出现的面向对象技术给建筑设计软件的开发开辟了广阔的空间。在建立建筑对象的基础上，软件普遍采用智能化建筑构件技术，实现了二维图形和三维图形的关联显示，以及构件之间的智能化联动，并逐渐出现了BIM。

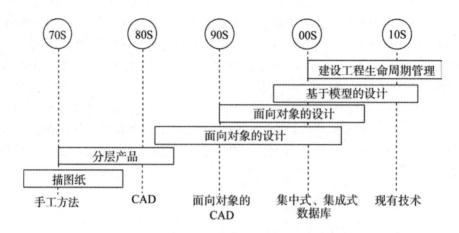

图1-1 建筑设计信息化技术的发展历史

　　1975年，被称为"BIM之父"的伊斯特曼教授提出未来将会出现可以对建筑物进行智能模拟的计算机系统，他认为这样的系统可以作为整个建筑生产过程唯一的信息源，保证所有的图纸保持一致关联，拥有可视化、定量分析功能及自动进行法规检查的功能，并可以为造价计算和物料统计提供更加便捷的途径。这些思想已经具备了BIM的基本特征，为今后BIM的研究奠定了理论基础。

　　事实上，工程制图的发展有其历史因素和演化背景。最早期以手绘的方式来绘制工程图纸，所需投注的人力和时间成本极高，精确度和质量有很大的改善空间。此后，由于计算机辅助设计（Computer Aided Design，CAD）技术兴起，利用计算机以数位化的方式进行工程制图，生产力因此大幅提升，使工程图纸的修正和重绘也变得更容易，甚至能在三维虚拟空间中仿真物体的量体外观。然而CAD图的组成要素仍以点、线、面等几何性质来描述，并不具有对象识别的概念，且CAD图纸之间和其组成元素之间的相关性无法交互参照，变更设计时仍需将所有关联的工程图纸进行重绘，经常发生图纸不一致的情形。更重要的是建筑产业涉及许多不同的专业领域（如建筑、结构、机电等），以2D为主要沟通模式的CAD工程图时常会发生对象冲突或碰撞的情形。鉴于此，人们逐渐发展新技术、应用新方法来解决所面临的问题，BIM相关技术的发展便是此演化过程的结果，然而以对象的角度来描述建筑或设施的构件则可算是一项重大的变革，使得构件和其相关信息可在三维虚拟空间中模拟出更加真实的作为和应用情境，所有工程图纸的产出皆源自BIM模型中的对象，来源于参数化设计（Parametric Design）的机制，得以连动地修改BIM模型组件的属性参数来达到变更设计的目的，而不再是于传统CAD图纸中离散地修改几何组成元素，且设计上的冲突可在三维虚拟空间中有效检查，信息一致性提高则错误便减少，效率和生产力也皆能有所提升。表1-2从工程制图的不同方面比较了手绘、CAD以及BIM的不同性质。

表1-2 手绘、CAD与BIM的比较

内容	手绘	CAD	BIM
时间	1982年之前	1982年到20世纪末	约2000年以后
使用工具	三角板、T尺	CAD制图软件	BIM建模软件
存在方式	手绘2D圆	数位2D圆	构件模型资料库
组成元素	点、线、弧、圆、开口、文字等	点、线、弧、圆、开口、文字等	墙、梁、柱、板、窗门等
维度	2D、等角投影视图	2D、3D	20 D、30 D、40 D（30+时间）、50 D（30+时间+成本）、nD
档案形态	无法运算的档案	无法运算的档案	构件导向档案，可在数位空间与BIM相关流程和应用程序互动

第三节 BIM对建筑业的影响及所面临的挑战

一、BIM对建筑业的影响

（一）BIM为建筑业带来的变革作用

由于现有的信息共享和沟通模式使得建筑业割裂的问题更加严峻。伊斯特曼（2008）在 *BIM Handbook* 一书中指出，基于纸质文档沟通的建设项目交付过程中，纸质文档的错漏导致了现场不可预料的成本、延期甚至是项目各参与方之间的诉讼。正是BIM技术的参数化、可视化的特征改变了建筑业工作对象的描述方式，改变了信息沟通方式，势必从根本上引起建筑业生产方式的变化。BIM用于建设项目全生命周期，基于信息模型进行虚拟设计与施工，将促进项目各参与方之间的沟通与交流。一方面，作为一项创新技术，BIM为建设项目各参与方提供了一个协同工作和信息共享的平台；另一方面，作为一种集成化管理模式，BIM情境下需要对建设项目各参与方的工作流程、工作方式、信息基础设施、组织角色、契约行为及协同行为进行诸多的变革，表1-3列出了在建设工程全生命期过程中，基于BIM的建设模式与传统方法在项目团队组织、信息共享、设计和建造质量、决策支持和团队协作等方面的区别。

表1-3 基于BIM的建设模式与传统方法的区别

内容	传统方法	BIM方法
项目团队组织	有详细设计后，施工项目经理和技术咨询才参与到项目中来，也就是先设计后施工	在概念设计阶段，业主就将相关方引入项目组织，能够全面、快速地跟踪工程进展。支持尽早地跨专业目的协作以及经验交流
信息共享	以纸张（图纸、报表、技术说明等）和没有协作能力的电子文件为主，传递方式为邮递、传真	基于IFC标准的产品建模方法，拥有一个核心项目数据库。使数据重新录入概率最小化，提高数据的准确性和质量。随着模型质量和正确性的提高，项目组能够在早期进行更多的方案比选以及帮助引入全生命期分析方法，从而得出最佳方案
设计和建造质量	根据标准规范的要求、个人经验进行设计，尽管有计算机辅助，但也有大量的手工劳动，在设计过程中，存在大量简单的重复性劳动	动态的工程分析和大量仿真软件，能够自动产生工程文档。能够提高设计的精确性，将项目组从琐碎的工作（如工程制图）中解脱出来，投入更有价值的工作（如详细设计）中
决策支持	项目组通过经验、图纸、反复演算，得到决策依据	BIM方法使决策依据更加丰富，包括虚拟现实环境、全生命周期的性能参数、多角度的动画支持等。使项目组在项目早期能够开发多种方案进行比较，为决策者提供更有价值的全生命周期性能参数
团队协作	以桌面会议的形式，用静态的图纸进行协作	BIM方法能够加速设计协同，快速地制定出解决方案，以动态的产品模型和可视化效果作为会议的资料

BIM对建筑业的推动作用，主要体现在将依赖于纸质的工作流程（3D CAD、过程模拟、关联数据库、作业清单和2D CAD图纸）的任务自动地推送到一种集成的和可交互协同的工作流任务模式，这是一个可度量、充分利用网络沟通能力协同合作的过程。BIM可用来缓解建筑业的割裂，提高建筑业的效率和效益，同时也能减少软件间不兼容所产生的高成本。BIM对建筑产品、组织、过程等信息的表达及集成方式带来系统性变革，全面应用于建设项目全生命周期的各个方面。例如，集成化设计与施工，项目管理及设施管理，可有效解决项目生产过程及组织的信息割裂问题，进而大幅提高项目生产效率。不少学者将BIM视为解决建筑业日趋凸显问题的革命性技术，更有学者认为BIM有潜力作为创新和改进跨组织间流程的催化剂。因此，BIM已被广泛视为建筑业变革的重要方向。

（二）BIM对建设项目组织的影响

随着BIM在全球的广泛扩散和应用，BIM的应用对建筑业产生了一系列的影响，如基于BIM的跨组织跨专业集成设计、基于BIM的跨组织信息沟通、基于BIM的跨组织项目管理、基于BIM的生产组织及生产方式、基于BIM的项目交付、基于BIM的全生命周期管理等。相比2D CAD技术，这一系列的影响均具有跨组织的特性。BIM的成功应用需要打破项目各参与方（业主、设计方、总承包方、供货方及构配件制造方等）原有的组织边界，有效集成各参与方的工作信息，设计方、总承包方、供货方、构配件制造方及相关建筑业企业间相互依存形成的项目网络可以通过合作共同创建虚拟的项目信息模型。对伦敦西斯罗机场T5航站楼BIM应用的研究认为，BIM在明显改变单个组织活动方式的同时，也会对项目其他参与方之间的沟通方式、权责关系以及整个行业的市场结构带来巨大变革。

因此，BIM具有典型的跨组织特征，影响着项目各参与方相互依存的工作活动与流程。

（三）BIM对建设项目绩效认知方式的影响

BIM的应用将明显改变建设项目绩效评价的方式。基于BIM的建设项目绩效指标体系已不再局限于传统的"铁三角"项目绩效，即投资、进度与质量。BIM的应用，鼓励在设计阶段集成施工阶段的信息，需要并将促进各参与方之间良好的合作。同时，各参与方所面临的显著变化是，从设计阶段各专业紧密使用一个共享的建筑信息模型，在施工阶段各参与方使用一整套关联一致的建筑信息模型，作为项目工作流程和各方协同的基础。这不仅对建设项目的投资和进度有着严格的要求，还需要协同设计方与总承包方以实现建设项目的精益交付。成功的BIM应用追求的是"1+1>2"的效果，不仅仅是谋求建设项目某一参与方的自身绩效，更关注于从项目整体的角度来测量项目绩效。

从狭义上看，学术界和产业界将项目绩效定义为"铁三角"或"金三角"，也即满足预先制定的成本、时间和质量目标。而这类项目绩效认知方式或许不利于建设项目组织，因为这个结果将导致项目绩效在短期或对某一参与方是优的，但从长期和战略视角来看往往会损害项目其他参与方的利益，更难以实现BIM为项目及各参与方所带来的溢出效应。随着市场环境中许多因素的改变，如项目越来越复杂、参与方越来越多以及国际化竞争等，建设项目绩效的整体性观念得到重视。国内外不少学者也将注意力转移到对建设项目进行更全面的测量和评价。例如，国外的研究者提出项目绩效评价指标除了"铁三角"以外，还包括其他指标，如感知绩效、业主满意度、施工单位满意度、项目管理团队满意度、技术绩效、技术创新、项目执行效率、管理与组织期望、功能性、可施工性和业务绩效等。

成功的BIM应用，需要将建设项目中业主方、设计方、总承包方等各关键参与方集成一个有机的整体，而这与现有的建设项目管理模式存在较大差别，这使得应用BIM的建设项目的项目绩效评价与传统的评价方式也存在着区别。我国现有的工程项目绩效评价不能反映出其他影响项目绩效的关键因素（诸如BIM这类跨组织技术创新）的贡献情况；并且侧重于事后分析，而不能科学、客观地评价整个建设项目团队业务流程的运营状况，做到过程控制。因此，BIM情境下对建设项目绩效认知方式提出新的要求，也即以建设项目各参与方追求项目整体绩效的提升为导向，从系统的角度评价建设项目整体绩效。

（四）BIM对建设项目全生命周期管理的影响

BIM的本质是建筑信息的管理与共享，必须建立在建设项目全生命周期过程的基础上。BIM模型随着建筑生命周期的不断发展而逐步演进，模型中包含了从初步方案到详细设计、从施工图编制到建设和运营维护等各个阶段的详细信息，可以说BIM模型是实际建筑物在虚拟网络中的数字化记录。BIM技术通过建模的过程来支持管理者的信息管理，即通过建模的过程，把管理者所要的产品信息加以累计。因此，BIM不仅仅是设计的过程，更加强调的是管理的过程。BIM技术用于项目管理上应当注重的是一个过程，要包含一个实施计划，它从建模开始。但重点不是建了多少BIM模型，也不是做了多少分析（结构分析、外围分析、地下分析），而是在这个过程中发现并分类了所关注的问题。其中，设计、施工运营的递进即为不断优化的过程，与BIM虽非必然联系，但基于BIM技术可提供更高效合理的优化过程，主要表现在数据信息、复杂程度和时间控制方面。针对项目复杂程度超乎设计者能力而难以掌握所有信息的问题，BIM基于建成物存在，承载准确的几何、物理、规则信息等，实时反映建筑动态，为设计者提供了整体优化的技术保障。

随着BIM应用范围的不断扩大，BIM应用过程中存在的问题也日益凸显，除技术与经济问题外，组织管理问题正日益上升为限制BIM应用的关键因素。传统的建设生产模式的信息交换基础是二维的图形文件，其业务流程、信息使用和交换方式都是建立在图形文件的基础之上。而基于BIM的生产模式是以模型为主要的信息交流媒介，因此，在传统的工程建设系统中应用BIM会产生诸多"不适"。2002年，全球最大的建筑软件开发商Autodesk公司发布的《Autodesk BIM白皮书》指出：未来制约BIM应用的主要障碍之一就是现有的业务流程无法满足BIM的应用需要，要克服这种障碍，就必须对现有的业务流程进行重组。2005年，伊恩豪厄尔和鲍勃·巴切勒对2001—2004年应用BIM的多个项目进行了调研，研究发现，除技术问题外，阻碍BIM应用的组织与管理问题更为突出，这些问题包括了项目组织在传统的工作模式下形成的责任和义务关系阻碍了参与方利用BIM进行协同工作、传统的项目交付体系下的合同关系不利于BIM信息的交换、各项目参与方缺乏应用BIM的动力等。2006年，美国总承包商协会在对美国承包商应用BIM的情况进行总结后颁布了《承包商应用BIM指导书》，它指出，阻碍承包商应用BIM的障碍主要有，对应用BIM效果不确定性的恐惧、启动资金成本、软件的复杂性需要花费很多时间才能掌握及得不到公司总部的支持等。同年，美国建筑师协会（AIA）、斯坦福大学设施集成化工程中心（CIFE）等共同组织了对VDC/BIM的调研会，来自32个项目的39位与会者对各自项目上应用BIM的情况进行了交流，大部分与会者都认为BIM确实能给各项目参与方带来价值，但这些价值在现阶段难以量化阻碍了BIM的应用。2007年，由斯坦福大学设施集成化工程中心（CIFE）、美国钢结构协会（AISC）、美国建筑业律师协会（ACCL）联合主办了BIM应用研讨会并发布了会议报告，该报告指出，传统的契约模式对BIM应用造成了很大阻碍，包括对BIM应用缺乏激励措施、不能有效促进模型的信息共享、缺乏针对BIM应用的标准合同语言等。2008年，斯坦福大学的高炬博士在对全球34个应用3D/4D项目的调研报告中指出，传统的组织结构和分工体系造成的目前项目组织间较低的协同程度是阻碍BIM应用的重要原因。2008年，美国著名的建筑企业集团——全球500强公司Mcgraw Hill公司，发布的BIM调查报告指出，除技术问题和经济问题外，僵化的生产流程、对使用BIM的项目缺乏必要的激励措施已成为BIM应用过程中的主要障碍。

二、BIM应用的挑战

（一）BIM的潜力未充分发挥

相关组织及研究者针对美国建筑创新进行调查研究，采用估计数据观察法分析了过去40年间建筑设计CAD软件技术的发展过程，调研结果的数据显示（图1-2），在近十年间，CAD软件的发展势头明显下降，BIM系列软件的发展迅猛，BIM的发展使项目组织间的关系发生了很大的变化。

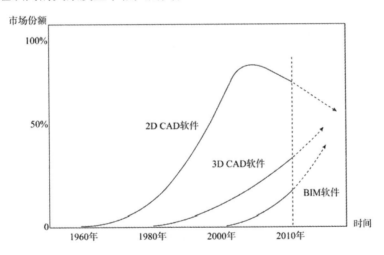

图1-2　建筑设计软件CAD与BIM的发展过程与趋势

国内外的研究一致认为BIM能为建设项目带来增值作用，例如，效率和效能的提高、工期和投资的减少以及质量的提高。建筑业涵盖多个专业领域，建设项目作为其载体需要多专业、多工种的合作才能顺利实施。而建设项目又被视为由临时组织构成的松散耦合系统，项目各参与方之间的工作任务高度相互依存。目前研究表明，尽管BIM被广泛地采用，但设计人员仍然错失了BIM带来的诸多好处。研究者发现设计师们主要是使用新技术对传统工作进行自动化，而不是改变他们的沟通方式和工作方式。这也从一个角度印证了BIM在建筑业应用并没有完全发挥其潜力的部分原因在于缺乏一个共同的愿望和"自动化群岛"。同济大学研究团队2011年对中国BIM应用的调研结果显示,国内BIM应用的成熟度仍较低,存在组织相对分散、缺乏系统管理等问题。究其原因是建筑业传统业务模式并未随着BIM的引入而发生根本性的改变,其中组织层面的障碍是亟待研究的领域之一。跨组织关系作为组织研究领域的重要分支,在具有社会-技术二元属性的建筑业中越来越受到关注。

(二)忽视BIM技术与组织的相互关系

当前由于BIM应用面临的诸多困境,建筑行业及学术界开始研究和思考BIM技术应用与协同管理所共同面临的问题,传统建设项目及流程的不兼容已成为导致上述应用问题的关键,造成这种不兼容的根源在于混淆了技术与组织之间的关系。

纵观几乎所有产业的特点,技术和业务流程可以理解为存在着一种共生的关系,通过它们共同发展,影响彼此。在过去的十年中,通过组件化和面向服务的技术供应商正越来越多地成为"随需应变的业务",试图实现面向整个供应链所有环节的资源整合,使解决方案在跨组织流程中进一步模块化,适应性变得更加灵活,更能够围绕现有的业务流程进行调整。在AEC/FM行业,要想实现长远的发展目标(如IPD),必须进行BIM技术和业务流程的转变,靠单一企业的力量已经很难适应BIM的发展要求。

(三)BIM跨组织应用的障碍

众多学者和组织对BIM跨组织应用的障碍进行了研究。其中,哈特曼和费舍尔指出传统项目交易模式下BIM应用的主要阻碍包括项目参与方对技术变化的抵触、业内对BIM应用缺乏激励措施、项目各参与方不愿意进行模型共享、合同关系不能有效促进模型信息共享、模型的精度不确定、模型的责权关系不明确、法律原因、信息丢失的保险问题、缺乏针对BIM应用的标准合同语言、软件和信息的互操作性差等。麦格希建筑信息指出,除技术问题和经济问题外,僵化的生产流程及对使用BIM的项目缺乏必要的激励措施已成为BIM应用过程中的主要障碍。学者冯分析了欧美六个国家和地区BIM应用的情况后认为,项目参与方众多而项目合作环境恶劣是导致BIM跨组织应用的主要障碍,项目各参与方的角色和责任并不清晰。为了发挥BIM的全部潜力,有学者认为BIM的跨组织应用带来的问题是最大的障碍,必须得到解决。但迄今为止,上述问题仍未解决,其根源在于没有正确理解BIM情境下建设项目各参与方如何进行协同合作。建设项目各参与方敌对的关系是建筑业典型特征,缺乏合作一直被视为造成建筑业创新水平低的主要原因。虽然创新曾经一度被认为是属于某一个企业的工作范畴,但研究技术发展的学者越来越重视跨组织边界、跨组织关系和网络间的合作,甚至有学者认为组织创新是技术创新的先决条件。无论针对组织内部、组织间还是行业层面,组织创新本身就是一个挑战,因为惯性力量对变革的抵触,对于传统的建筑业而言尤为严重。这也就意味着建筑业进行BIM

这类跨组织创新并发展跨组织合作关系必然会遇到困难与挑战。

新兴工具BIM给建筑业带来了新的热潮，在国内的应用中很大程度上仍停留于创建建筑模型的层面。

第四节 基于BIM的IPD模式

一、IPD的含义与特征

（一）IPD的内涵

集成项目交付（Integrated Project Delivery，IPD）是一种集成形式的项目交付模式，与传统的DB、DBB、CM等交付模式不同的是，在IPD模式中至少要由业主方、设计方和施工方三个主要参与方共同签署一份协同合作的契约协议，该协议规定各参与方的利益和风险是基于共同的项目目标而统一的，并且各方都要遵从契约中关于成本和收益的分配方式。以这种关系型合同为特征的IPD模式是一种能够集成项目所有资源、考虑合同全过程的项目交付方法，其体现项目各参与方朝着同一个项目目标努力、争取利益和价值最大化的合作理念，而不是一种正式的合同结构形式或者一种标准的管理范式。IPD倡导项目主要参与单位在项目早期就成立团队（至少有业主、设计方和施工方三方参与），该团队在项目的初期就进行各方的协同工作，如协同计算、挑选合作伙伴等，这种合作大大减少了传统模式中出现的浪费；各方共同签订的多方协议围绕项目整体目标，促使项目各参与方协同进行资源管理、成本管理和风险与利益管理，提高了管理的效率和效益。

IPD不仅仅考虑项目产品，更加关注项目的合同过程以及合同过程中各参与方之间的关系，换句话说，IPD强调项目整体的策划、设计、施工和运营的综合流程。实践证明，当业主、设计方和施工方彼此之间形成了更加流动、互动、协作的工作流程时，IPD才最容易成功，因此采用IPD模式必定要重新考虑项目中核心工作的流程，改变项目中主要参与方的角色定位以及彼此之间的关系，即IPD需要打破各个参与方的工作责任界限和设计工作的范围界限。对于业主来说，成功使用IPD模式需要一定程度的经验和合作意愿，而IPD也并不会比传统的交付模式需要更多的资源，并且业主的早期介入可以令其在设计阶段就能亲身参与体验。对设计方而言，IPD打破了其设计工作的界限和顺序，他们可以从一些烦琐的传统事务中（如施工资料的发布、合同审批、招投标、与施工方沟通等）节约出更多的时间来进行设计的推敲，以保证施工方能够提前预计成本。对施工方而言，早期的介入设计和彼此之间透明公开的协作方式能够减少其预算过程中的不确定性，保证了其预算的准确度。

通常项目（企业）选择IPD模式有以下五种动机：

第一，赢得市场（竞争力）。企业使用IPD的经验和对交付方式（产品）的改善能够为企业在行业竞争中领先提供优势。而对于多项目的业主来说，通过一个IPD项目节约的费用可以平衡到其他项目中使用。对于医疗保健行业，IPD有可能成为一种理想的标准交付方式。

第二，成本的可预测性。每个项目都不想其最后的成本超过合同的预算，因此，IPD模式下成本的可准确预测性是一些企业或者项目选择IPD模式的一个主要驱动力。

第三，工期的可预见性。类比于项目的成本，每个项目也不想超期，但是工期因素仅仅是一些企业或者项目的主要考虑因素。

第四，风险管理。项目的风险通常被认为是项目工期和成本风险，但其可能会包括与项目类型、项目位置等其他因素相关的交易风险。如果风险管理是企业或者项目主要考虑的因素，那么IPD模式下各参与方之间更多的交流会成为一种特殊的优势。

第五，技术的复杂程度。技术有一定复杂性的项目，需要专业的综合集成和一定程度的协同性，这些要求在IPD的环境下可以被满足。

（二）IPD模式的特点

1. 管理层面特点

第一，各主要参与方都是项目的领导者。IPD项目的牵头人大部分是业主，但是也有可能是其他参与方的各种组合。而IPD项目中每一方都是项目的领导者，只要该方对项目的实施有任何意见和建议都可以站出来"领导"，这也是IPD项目各参与方地位平等的体现。

第二，集成式的项目团队结构。大多数的IPD项目在项目团队结构上都采用集成式。组织存在多种形式，例如，最早的IPD项目——Sutter Health Fairfield Medical Office Building项目将团队结构划分为三个层次：集成项目团队（Integrated Project Team，IPT），更高层次的核心团队（Higher level Core Team），执行层次委员会（Executive Level Committee），其均由三方代表组成，只是代表层级不同，解决项目中不同层次的问题。而SpawGlass Austin Regional Office项目则是采用协同项目交付团队的形式（Collaborative Project Delivery，CPD）。

第三，运用精益建造等的管理工具。在IPD项目的实施过程中，处处都能看见精益管理工具的使用，如最后计划者体系（Last Planner System，LPS），拉动式的管理（Pull）等。IPD模式和精益管理都强调创造价值和减少浪费，IPD模式为精益管理思想在施工项目中的使用提供了平台空间，而精益管理工具又为IPD项目的成功提供了保障，因此二者是相辅相成的关系。精益工具的使用能够帮助IPD项目团队的协作和决策。

2．交流层面特点

第一，各参与方提早介入项目。各参与方提早介入项目是IPD的最突出的特点之一，在IPD项目中，主要参与方甚至一些主要的水电暖的分包商在方案设计阶段就参与到项目中，这要比传统的DBB项目早许多。例如，项目在进行设计标准的制定时就有分包商的参与，这使得项目容易达成项目目标的统一，培养各方的领导意识以及帮助各方在项目初期就形成互相信任的伙伴关系。

第二，由主要参与方共同参与决策，对项目进行控制，共同改进和实现项目目标。IPD模式要求各主要参与方（有时也会包括分包方）共同进行项目目标和标准的制定，以保证各方平衡决策，提高项目的效率和效益，增强各方之间的信任感。

3．工作环境和技术层面特点

第一，协同工具与协同办公（Co-location）。IPD项目经常会采用BIM和VDC这种三维建模工具和虚拟建设的技术，其使用能够为各方的协同合作和早期介入项目提供空间与平台，而这些工具的使用也需要IPD各方的共同参与。大多数IPD项目也会要求各主要参与方在同一间办公室办公（Big Room），这能够有利于问题的及时解决，提高决策效率。

第二，信息交流共享的网络平台。大多数IPD项目为了实现信息的共享与交流都建立了自己的网络信息平台，并取得了良好的效果。例如，国外某IPD项目施工方建立了一个项目信息共享和流程审批的网站平台，使得设计审批的无纸化率达到50%，而这种方式也使设计方和分包商可以进行直接的交流，会议次数也会增加，从而达到交流的效果。

另外，几乎所有的IPD项目案例中都提到，主要参与方形成联合体后在进行合作伙伴的选择时比较倾向于先前合作过的伙伴，这样彼此之间比较熟悉，有过成功的合作经验，更能促进彼此相互信任和坦诚。

二、BIM与IPD的关系

实现项目利益最大化是BIM实施和IPD模式共同的目标，也是为满足业主对建设项目形式和功能的要求，尽可能将所付出的投资符合预期价值，能在最短时间内完成，能有更好质量和性能的产品。为实现这一系统性目标，需要在进行建设项目前期，通过合适的方法让项目各参与方充分理解设计意图，在业主及相关方对产品的设计成果充分认可之后，再进行后续的实施环节。BIM技术可在项目实施前将项目设计成果进行多维可视化仿真模拟，并通过与建筑性能分析工具的集成，对设计方案在建筑能耗、建筑环境（光环境和声环境）和后期运营管理方面进行虚拟仿真分析，进而对设计方案进行优化。IPD团队在设计阶段就集成了设计、施工以及运营的团队，事先将后续环节的需求体现在设计成果中。

BIM是IPD模式最有效的支撑技术与工具，BIM可以将设计、施工以及生产加工等信息集成在一个数据中，为项目各阶段、各参与方提供一个可视化协同平台。另外，在项目运营阶段，该数据库可继续为项目的运营管理方提供服务，对建筑性能进行监测、对设施设备的运行维护以及资产进行管理。

三、IPD实施合同条件

工程项目建设是以合同为基础的商品交换行为，合同是项目各参与方履行权利和义务的凭证。传统建设模式下的合同从本质上体现的是项目利益相关者之间的对立关系，这导致项目利益相关者之间的目标不一致。而IPD模式下的合同条件，则是以委托代理理论与合作博弈理论为工具，对传统的合同模式进行重新设计，旨在使各方能在IPD模式特点和需求的合同框架下以项目利益为重，加强合作，共享利益和共担风险。

（一）IPD合同类型

在IPD项目中，项目团队应在项目早期尽快组建，项目团队一般包括两类成员：主要参与方与关键支持方。在这样的团队组成模式下，IPD合同类型主要有四种：集成协议IFoA（Integrated Form of Agreement）、Consensus DOCS300、AIAC195（Single-Purpose Entity，SPE）、AIAC191（Single Multi-Party Agreement，SMPA）。这四类合同针对IPD项目中的决策制定、目标成本、利润获得方式、变更管理以及风险分担等方面都有相关的合同条款。虽然不同的合同形式下这些条款存在不同，但是它们共同的目标和宗旨都在于加强团队协作、降低目标成本以及实现风险的分担和利益的共享。

IPD要件和要求见表1-4。

表1-4　IPD要件和要求

IPD要件类型	IPD要件要求
IPD特征要件	参与方互相尊重，开放式交流
	频繁的正式和非正式会议用于持续提升
	语言上鼓励共同制定项目目标
	精益物流
	系统性思维和精益建造思想
	关键参与方提早介入，集成式计划
	客户/使用者对最终目标清晰
	提前考虑采购和可建造性问题
	全生命周期价值评价（包含项目成果）

IPD要件类型	IPD要件要求
IPD协议要件	识别风险和回报
	有效的同地协同
	集体责任代替个人责任
	一致性目标
	一致的、清晰的、快速的纠纷处理流程
	业主领导性地位
	风险分配满足公众最低要求（不存在风险转嫁）
	特定的项目保险（为实现IPD风险共享的目标）
	风险管理团队提早介入
	经所有利益相关方评估的风险容忍度
	风险评估、安全计划、项目人员协议和工人补偿方案提前确定
	关系契约
	管理决策清晰
	效益评估
文化要求	项目参与方持积极态度
	在不清晰的问题上妥协
	一致同意的绩效考核机制
	实施IPD需要成本
	乐于协调和改变
	兼容性的组织文化
技术要求	适当的技术
	集成式BIM

（二）IPD合同特征

第一，主要参与方共同签署一份多方协作的关系合同。在所有的IPD项目案例中，主要参与方都签署了IPD多方（一般是由业主、设计方和施工方组成的三方）合同，这样的联合方式有利于各参与方以利益共同体的形式一起参与到项目中，同时也有利于各参与方提早介入项目。例如，Sutter Health Fairfield Medical Office Building项目被认为是美国最早的IPD项目，其采用的是由业主、设计方和施工方三方共同签署的集成协议IFoA。

第二，主要参与方之间共担风险、共享收益，并遵从契约中关于成本和收益的分配方式和激励机制。在IPD模式下一般有以下几种激励方法：根据成员对项目创造的价值或节约的成本分发红利；设置激励池（或风险池），即从项目团队的费用中拨出一部分放入激励池（或风险池）中，池中的资金会根据团队成员提前商定的一些准则增加或减少，最后再将池中的剩余资金分给各团队成员，这种方法是在IPD项目中比较常见的激励方式；绩效红利的激励方式，即根据完工质量发放的红利。

第三，主要参与方之间放弃对彼此的诉讼权，解决纠纷的方式通常为调解和仲裁。IPD交付模式虽然要求各方都放弃对彼此的诉讼权，但是在协议中并不存在不起诉条款，主要参与方之间责任的豁免不包括由于欺诈、故意错失及重大错失等引起的事故责任。IPD纠纷解决的方式通常是根据协议条款进行调解，必要时也需要仲裁。而对于商业保险，有些项目选择集成式的项目保险，有些项目依然采用传统的保险方式。

第四，主要参与方彼此之间财务透明。所有的IPD项目都保持设计方和施工方的财务透明，要求"公开账本"，以保证所有的工作成本都在人工和材料的预算之内。例如，某IPD项目中利润以项目的固定费用为基础，其中25%来自风险池，这样的成本和收益结构使得各方之间必须透明，不存在隐藏的不确定内容和津贴，以保证各方工作成本都在预算的基础上计算。

第二章 BIM国内外应用现状

第一节 全球BIM应用现状

一、全球BIM应用概况

考虑BIM技术的潜在价值，部分研究人员认为BIM正引领建筑业进行"史无前例的大变革"。从各国政府及其附属机构的BIM推广措施看，如表2-1所示，早在2003年，作为美国联邦政府设施运营管理机构的联邦总务署（GSA）即发布了"国家3D-4D-BIM项目"，开始将BIM作为提升项目建设绩效的重要手段。在英国，内阁办公厅则于2011年发布了《政府建筑业战略》，明确了计划，指明了实现建筑业在减少建设成本、提高生产效率等方面的战略性目标，要求从2016年开始，政府投资项目需要实现全面协同层次的BIM应用（Level2，即项目全生命周期的各类文件及数据均实现电子化）。与英国类似，芬兰、韩国、新加坡等国政府及其附属机构近年来亦开始采取各类政策措施，推动BIM在相关项目中的应用。2015年6月，我国住房和城乡建设部亦发布了《关于推进建筑信息模型应用的指导意见》，倡导建筑行业对BIM技术进行研究及应用，并明确了2020年末的BIM应用目标。

表2-1 各国政府及其附属机构的BIM推广措施

国家	措施发布机构	年份	措施内容
美国	联邦总务署	2003	作为美国联邦政府设施的运营管理机构，联邦总务署（GSA）于2003年发布了"国家3D-4D-BIM项目"。从2007财政年度开始，GSA对其所有对外招标的重点项目均给予专项资金支持，支持BIM技术在项目中的应用
	陆军工程兵团	2006	美国陆军工程兵团（USACE）于2006年发布了为期15年的BIM发展规划，分阶段推行BIM在所属项目中的应用
	威斯康星州等州政府	2009	从2009年开始，威斯康星州、得克萨斯州的州政府强制要求在州属公共项目中应用BIM技术
英国	内阁办公厅	2011	英国内阁办公厅于2011年发布了《政府建筑业战略》，明确计划，政府投资项目从2016年开始需要实现全面协同层次的BIM应用（Level2，即项目全生命周期的各类文件及数据均实现电子化），并成立了专门的BIM任务小组，以保障相关计划有效实施

续表

国家	措施发布机构	年份	措施内容
芬兰	Senate Properties	2007	作为芬兰国有物业的管理机构（国有企业），Senate Properties于2007年10月开始强制要求其所属新建项目进行BIM应用
韩国	公共采购服务中心	2010	作为韩国公共产品及服务的采购部门，韩国公共采购服务中心（PPS）于2010年4月发布了BIM应用路线图，制订了在所属公共项目中进行强制性BIM应用的分阶段计划，并于当年12月发布了《设施管理BIM应用指南》，为所属项目在全生命周期各阶段的BIM应用提供指导
新加坡	建设局	2011	作为新加坡建筑行业的主管部门，新加坡建设局（BCA）于2011年发布了BIM应用规划，确定了推动BIM技术在行业项目中进行应用的分阶段目标，而其CORENET电子提交系统亦于2011年1月开始接受基于BIM的建筑图纸提交。为保障BIM应用规划的实施，BCA于2012年5月发布了《新加坡BIM指南》，并于2013年8月发布了指南第二版本

资料来源：综合各国BIM应用政策进行整理

尽管BIM已开始得到越来越广泛的重视，但从全球范围来看，其整体扩散过程仍较为缓慢且存在明显的地区不平衡性。事实上，BIM的相关理念及技术原型早在20世纪70年代中期便已被提出，具备相关理念的软件（如ArchiCAD 3.0）在20世纪80年代也已开始商业化。然而，BIM在工程项目设计施工过程中的大规模应用，则始于21世纪初期，较之2D CAD、电子文档管理（Electronic Document Management，EDM）等其他信息技术，BIM在建筑业内的扩散要更为缓慢。尽管McGraw-Hill Construction对美国、韩国BIM应用情况的调查显示，两国建筑业进行BIM应用的行业人员数量在近年来得到了较为明显的增长，但从全球范围来看，BIM在行业内的扩散仍处于初级阶段。例如，即使在英国这一建筑业发展水平较高且政府已颁布BIM强制性推广措施的国家，国家建筑标准委员会NBS的调查显示，在2013年仍有73%的应答者认为"行业参与人员对BIM并未有清楚认识"，而与2013年相比，2014年BIM在行业内的应用率甚至出现了下降。在我国，虽然McGraw-Hill Construction于2015年对我国建筑业BIM应用情况的调查结果显示，中国的设计与施工企业计划在未来两年内大幅提升自身的BIM应用率，增幅率预计达到108%，超过全球平均值95%，且目前的非BIM用户普遍对BIM的采用持开明态度并对其应用潜力表示乐观；但过去十年BIM在我国的扩散进程，尚未呈现出类似于2D CAD在20世纪90年代的快速发展局面。

当下，我国许多建筑企业已经认识BIM的潜在收益，但多数仍迟于采纳和应用，一些企业采购了相关软硬件设备，但遗憾的是多成为摆设，BIM技术并没有被企业有效地应用。许多学者指出虽然技术创新被广泛视为提升行业效率的主要动力和源泉，但若不能被有效应用，则其潜在收益并不能有效实现。而且，IFC标准等技术问题并不是当下BIM应用的瓶颈，其主要问题在于实施环节。现有研究表明，源自技术、组织、流程等不同角度的各类障碍严重影响了组织对于BIM技术的吸纳和应用能力。如何应对这些实施障碍，提高建筑业企业的BIM技术应用能力，是进一步推动BIM技术的行业扩散、促进建筑行业变革过程中亟待解决的问题。

二、参与方BIM应用状况

从建设意图的产生到项目结束，工程项目的全生命周期可划分为决策、设计、施工、使用（运行或运营）等多个阶段。相关数据统计表明，设计BIM的信息贡献率达到建设项目全部信息的80%以上，设计阶段BIM模型是建筑物全生命周期BIM应用信息的主要来源。从全球范围内的工程项目BIM应用实践看，设计阶段是目前BIM在项目全生命周期内的最主要应用阶段。根据McGraw-Hill Construction在2010年、2012年、2014年分别针对西欧地区（英国、德国、法国）、韩国、澳大利亚和新西兰的BIM应用情况的调研结果，BIM在设计企业（建筑设计企业）中的采纳率要明显高于在其他阶段的采纳率。其中，英国有约56%的建筑设计企业应用BIM，澳大利亚和新西兰设计企业的深度BIM应用率为61%。而北美地区早期的BIM应用亦主要由建筑设计人员所引领，McGraw-Hill Construction于2012年针对北美BIM应用情况的调研结果表明，有70%的建筑设计企业应用BIM，是BIM最主要的应用群体之一。

我国建筑业的BIM应用实践发端于2004年左右。其时，在国家游泳馆（"水立方"）项目等投资规模较大、建筑造型较为复杂的公共投资项目中，受项目国外合作伙伴企业的影响，我国部分建筑设计企业开始尝试应用BIM相关软件进行复杂建筑结构形式的表达。我国早期其他建设工程项目的BIM应用实践，亦多是由项目设计方（尤其是建筑设计专业）所引领的。McGraw-Hill Construction于2015年发布的《中国BIM应用价值研究报告》表明，中国设计企业的BIM应用率为54%，且应用经验丰富，有几乎一半的大型设计企业（46%）应用BIM的时间已经超过5年，同时小型设计企业的新晋用户占比最高（38%），预示着这类企业对BIM的兴趣正日益浓厚。未来两年内，在30%以上的项目中应用BIM的中国设计企业在国内设计企业总数中的占比将为现在的两倍左右。同济大学王广斌团队针对全国工程项目的BIM应用行为调研结果亦表明，设计方在76.42%的被调研项目中涉入了BIM应用过程，且在40.57%项目的BIM应用过程中发挥了"主导"角色（领导、协调项目的整体BIM应用过程）。此外，根据上海市2015年底发布的《上海市建筑信息模型技术应用情况普查》结果，在有效反馈的162个BIM应用项目中，设计单位直接参与的项目达到126个，占项目总数的81.5%，是上海市建设工程项目最主要的BIM应用群体。虽然目前业主方、施工方、咨询方（包括监理、项目管理、专业BIM顾问）乃至少数物业管理单位等项目参与方都逐渐开始重视与应用BIM，设计方在BIM应用中的主角地位仍然是不可撼动的。但我国设计企业对BIM技术的涉入与采纳率虽高，其深度应用率与应用水平稍显不足，有接近半数（46%）的中国设计企业只具有较低的BIM应用率（在不到15%的项目中应用BIM），而施工企业中的这一比例仅为31%。此外，BIM应用可以帮助部署BIM的企业创造诸多直接内部效益，例如，提升企业作为行业领导者的形象、缩短客户审批周期、提升利润、减少法律纠纷或保险索赔等。但一个显著的总体趋势是，与设计企业相比，获得各类效益的施工企业占比都更高。美国的研究结果同样表明，虽然设计方引领建筑行业的BIM应用，但其所获得的预期收益却是整个BIM链条中最小的。因此，在设计方占据BIM应用先锋与主导地位的背景下，解决应用普及与应用受益之间的不平衡，切实提升设计企业的BIM应用能力至关重要。

第二节　国家BIM标准及政策

一、国家BIM标准

（一）国外国家BIM标准

随着BIM标准的发展，美国、英国、挪威、芬兰、澳大利亚、日本、新加坡等国家都已经发布了本国的BIM实施标准，指导本国的BIM实施。目前美国走在BIM研究的最前沿，有着较为成熟的BIM应用技术，2015年美国BuildingSMART联盟发布了NBIMS-US第三版，包含了BIM参考标准、信息交换标准与指南和应用三大部分。其中，参考标准主要是经ISO认证的IFC、XML、Omniclass、IFD等技术标准；信息交换标准包含了COBie、空间规划复核、能耗分析、工程量和成本分析等；指南和应用指的是BIM项目实施规划与内容指南等，大部分国家目前也是处于指南和应用层面。尽管美国已出版了三版应用标准，但均未实现到实际操作层面。

澳洲工程创新合作研究中心于2009年7月正式发布《国家数码模型指南和案例》，标准由3部分构成，分别是BIM概况、关键区域模型的创建方法和虚拟仿真的步骤以及案例。目的是指导和推广BIM在建筑各阶段（规划、设计、施工、设施管理）的全流程运用，改善建筑项目的实施与协调，释放生产力。

2011年10月24日，挪威公共建筑机构（Statsbygg）推出了英文版的*BIM Manual 1.2*，*BIM Manual 1.2*是技术标准和实施标准的结合，标准中对模型的拆分参考了ISO标准，解决方案与美国的OCCS-OmniClass™类似。此外，列出了项目各业务阶段的BIM应用指南，例如，在概念设计阶段提出了4项可选应用，在方案设计阶段提出了19项可选应用，在施工阶段提出了5项应用，在运维阶段提出了7项应用。在模型应用的质量控制方面也提出了细致的要求。

亚洲部分国家的BIM发展也很迅速，韩国、新加坡、日本已经颁布了国家标准。其中，日本的标准对于希望导入BIM技术的设计事务所和企业具有较好的指导意义，指南对企业的BIM组织机构建设、BIM数据的版权与质量控制、BIM建模规则、专业应用切入点以及交付成果做了详细指导。该标准的编写是从设计的角度出发的，所以*JIA BIM Guideline*更适合面向设计企业。

上述标准皆从软件技术以及BIM实施两个维度对BIM实施进行指导，对于各国的BIM实施提出了很好的指导思想，但未实现到实际操作层面。在英国，多家设计与施工企业共同成立了"AEC（UK）BIM标准"项目委员会，制定了"AEC（UK）BIM标准"，并在2016年发布了相应的BIM使用标准第二版，具有很强的社会实践性。

（二）我国的BIM标准

随着我国BIM的迅速发展，众多的高等院校、企业、业主以及事业单位等都开始投入BIM的研究与应用活动中，国家政府部门也开始重视BIM并制定BIM标准，研究思路借鉴国际BIM标准的同时兼顾国内建筑规范规定和建设管理流程要求。中国建筑科学研究院等多家单位共同筹资成立"中国BIM发展联盟"，旨在发动各参与方，共同制定重大BIM行业标准。2012年，住房和城乡建设部印发的建标〔2012〕5号文"关于印发2012年工程建设标准规范制订修订计划的通知"中，将五本标准列为国家标准制定项目；印发了《2013年工程建设标准规范制订、修订计划》（建标〔2013〕6号），立项国家标准《建筑工程施工信息模型应用标准》。六本标准分为三个层次，第一层为最高标准：建筑工程信息模型应用统一标准；第二层为基础数据标准：建筑工程设计信息模型分类和编码标准，建筑工程信息模型存储标准；第三层为执行标准：建筑工程设计信息模型交付标准，制造业工程设计信息模型交付标准。

中国建筑科学研究院主编的《建筑信息模型应用统一标准》（GB/T51212—2016）是最高的国家标准，其实现计划从建筑专业标准出发，通过三个层次来展开研究，分别为专业BIM、阶段BIM（包括工程规划、勘察与设计、施工、运维阶段）和项目全生命周期BIM。《建筑信息模型应用统一标准》，自2017年7月1日起实施。《建筑信息模型施工应用标准》（GB/T51235—2017），自2018年1月1日起实施。

（三）BIM实施标准分类

国内外的BIM实施框架理论体系，无论是企业级还是项目级，其实施标准都可以归纳为包含BIM资源标准、BIM行为标准以及BIM交付标准三大类别。

1. BIM资源标准

BIM资源标准指环境、人力和信息等生产要素的集合。

① 环境资源一般是指BIM实施过程中所需的软硬件技术条件，如BIM实施所需的各类软件系统工具、桌面计算机和服务器、网络环境及配置等。

② 人力资源一般是指BIM实施相关的技术和管理人员，如BIM工程师、BIM项目经理、BIM数据管理员等。

③ 信息资源一般是指在BIM实施过程中积累并经过标准化处理，形成可重复利用的信息总称，如BIM模型库、BIM构件库、BIM数据库等。

2．BIM行为标准

BIM行为标准指BIM实施相关的过程组织和控制，包括业务流程、业务活动和业务协同三个方面。

① 业务流程是指实施过程中一系列结构化、可度量的活动集合及其关系。如BIM设计变更流程、成果文件归档流程等。

② 业务活动是指业务流程中特定活动的具体内容，如建模、分析、审核、质量控制、归档。

③ 业务协同是指针对不同专业或不同参与方，业务活动之间的协调和共享的过程，如会议、邮件通知、报告、在BIM平台的数据上传下载等。

3．BIM交付标准

BIM交付标准指针对BIM交付所建立的相关标准和定义，如BIM交付物的模型内容和深度、文件格式、模型检查规范等。

具体而言，项目级别的BIM实施标准，至少应该包括以下几大部分：

① BIM实施组织机构：明确BIM实施相关方，确定项目各参与方的要求及职责。

② 模型单位及坐标：明确模型的项目度量单位以及坐标，为所有BIM模型定义统一的通用坐标系，建立一个参考点作为共享坐标的原点。

③ 建模深度定义：定义各个业务阶段的每个BIM应用所需要的BIM建模精度。

④ 模型拆分：确定模型拆分标准，一般各专业独立，综合考虑工程区域、标高、专业完整性和机器配置。

⑤ 命名规则：确定统一的文档、模型、提交成果等命名规则。

⑥ 颜色标识：确定统一的色彩规则。

⑦ 文档结构：确定统一的文档存储结构。

⑧ 工作交付标准：确定项目交付成果的要求。

⑨ 协作流程：确定设计变更、BIM的审核、BIM成果提交等工作协作流程。

⑩ 软件版本：确定将要使用的BIM软件，及确定软件一致性原则。

⑪ 模型分类：划分各个参建方的模型应用工作面。

⑫ 实施计划：确定项目BIM应用内容及相关方工作时间节点。

⑬ 软硬件配置：合理配置软硬件，需要考虑BIM协同平台的功能以及部署方式。

二、国家BIM政策

（一）发达国家或地区的BIM政府政策

在美国、挪威、丹麦、瑞典、芬兰、英国等为代表的发达国家，BIM技术先进理念得到了广泛的传播，在政府的大力推动下，BIM首先在公共建筑上得到了示范和推广应用，并逐步向私人建筑进行扩散。与美国、北欧各国等BIM应用水平较高国家相比，亚洲各国及地区整体相对滞后，但势头发展迅猛，特别像韩国、新加坡

和中国香港发挥政府主导作用，在各参与组织的共同努力下，制定战略，明晰BIM
应用发展思路，极大地促进了BIM应用的深度和广度。

1. 美国

美国联邦总务署（GSA）自2003年就开始实施国家3D-4D-BIM项目，BIM在美国公共建设项目中得到了广泛的应用。从2007年起，GSA就要求所有大型项目（招标级别）都要应用BIM技术，最低要求是空间规划验证和最终概念展示都需要提交BIM模型。所有GSA项目都被鼓励采用3D-4D-BIM技术，且根据采用这些技术的项目承包商的应用程序不同，给予不同程度的资金支持。

2. 北欧

北欧国家包括挪威、丹麦、瑞典和芬兰，是一些主要的建筑业信息技术的软件厂商所在地，如Tekla和Solibri，而且发源于近邻匈牙利的ArchiCAD的应用率也很高。北欧四国政府强制却并未要求全部使用BIM，由于当地气候的原因以及先进建筑信息技术软件的推动，BIM技术的发展主要是企业的自觉行为。芬兰参议院资产部早在2001年就开始BIM和IFC应用的项目示范，如SenateProperties——一家芬兰国有企业，也是芬兰最大的物业资产管理公司。该公司发布了一份建筑设计的BIM要求，自2007年10月1日起，SenateProperties的项目仅强制要求建筑设计部分使用BIM，其他设计部分可根据项目情况自行决定是否采用BIM技术，但目标将是全面使用BIM。该报告还提出，在设计招标阶段将有强制的BIM要求，这些BIM要求将成为项目合同的一部分，具有法律约束力；建议在项目协作时，建模任务需要创建通用的视图，需要准确的定义；需要提交最终BIM模型，且建筑结构与模型内部的碰撞需要进行存档；建模流程分为四个阶段：空间群BIM（Spatial Group BIM）、空间BIM（Spatial BIM）、初步建筑构件BIM（Preliminary Building Element BIM）和建筑构件BIM（Building Element BIM）。挪威防务房产署在2007年制定了挪威BIM指南（BIM手册）和BIM应用项目示范，要求2010年起全面实施BIM技术。丹麦企业与工程署推出数字建筑规划方案，规定自2007年1月起所有参与公共建筑的建筑设计师、承包商都必须使用基于BIM的数字路径、方法和工具，还制定了基于IFC的3DCAD/BIM应用指南。丹麦作为最早采用BIM技术的国家之一，在2006年就有约50%的建筑师、29%的业主和40%的工程师在项目中使用BIM。

3. 英国

英国内阁办公厅在2011年5月发布《政府建筑战略》，公布了BIM战略白皮书。2012年，针对政府建设战略文件，英国内阁办公厅还发布了"年度回顾与行动计划更新"的报告。报告中显示，英国司法部下有四个试点项目在制订BIM的实施计划；在2013年底前，有望7个大的部门的政府采购项目都使用BIM；BIM的法律、商务、保险条款制定基本完成；COBie英国标准2012已经在准备当中；大量企业、机构在研究基于BIM的实践。英国的设计公司在BIM实施方面已经相当领先了，因为伦敦是众多全球领先设计企业的总部，也是很多领先设计企业的欧洲总部，如HOK、SOM

和Gensler。在这些背景下，一个政府发布的强制使用BIM的文件可以得到有效执行，因此，英国的AEC企业与世界其他地方相比，发展速度更快。

4．韩国

韩国在运用BIM技术上较领先，韩国公共采购服务中心（Public Procurement Service，PPS）是韩国所有政府采购服务的执行部门。2010年4月，PPS发布了BIM路线图，实施了以BIM为技术的"公共采购服务"项目，内容包括：2010年，在1～2个大型工程项目应用BIM；2011年，在3～4个大型工程项目应用BIM；2012—2015年，超过50亿韩元的大型工程项目都采用4D·BIM技术（3D+成本管理）；2016年前，全部公共工程应用BIM技术。2010年12月，PPS发布了《设施管理BIM应用指南》，针对设计、施工图设计、施工等阶段中的BIM应用进行指导，并于2012年4月对其进行了更新。2010年1月，韩国国土交通海洋部发布了《建筑领域BIM应用指南》。该指南为开发商、建筑师和工程师在申请四大行政部门、16个都市以及6个公共机构的项目时，提供采用BIM技术时必须注意的方法及要素的指导。指南应该能在公共项目中系统地实施BIM，同时也为企业建立实用的BIM实施标准，制定了《土木领域3D设计指南》。韩国主要的建筑公司已经都在积极采用BIM技术，如现代建设、三星建设、空间综合建筑事务所、大宇建设、GS建设、Daelim建设等公司。其中，Daelim建设公司应用BIM技术到桥梁的施工管理中，BMIS公司利用BIM软件Digitalproject对建筑设计阶段以及施工阶段的一体化进行研究和实施等。

5．新加坡

新加坡建筑建设局（BCA）2010年制定了BIM推广5年规划，要求到2012年所有的公共建设项目都必须使用BIM。2011年，新加坡BCA与一些政府部门合作确立了示范项目，将强制要求提交建筑BIM模型（2013年起）、结构与机电BIM模型（2014年起），并且最终在2015年前实现所有建筑面积大于5000m^{2}的项目都必须提交BIM模型目标。BCA于2010年成立了一个600万新币的BIM基金项目，鼓励新加坡的大学开设BIM课程为毕业学生组织密集的BIM培训课程为行业专业人士建立了BIM专业学位。

6．澳大利亚

2010年，澳大利亚印发了BIM实施指南，促进澳大利亚全国建筑行业的全方位开展BIM应用，取到了一定的效果。悉尼歌剧院在翻修和设备管理上就采用了最新的BIM技术。2011年，澳大利亚咨询协会和澳大利亚建筑师协会共同发布了一套BIM实践指南。2012年，澳大利亚政府成立了建筑环境工业理事会BEIIC，颁布了《国家BIM行动方案》，并成立专门小组负责方案中前5年的行动计划。

（二）发达国家或地区的BIM政府政策特点

各发达国家或地区政府部门都根据本国或地区的行业情况，制定了相应的政府政策来保障BIM在行业内的发展应用。虽然他们的建筑业管理体制、行业发展水平及信息化建设现状有所不同，但在BIM政府政策上的许多方面存在共同点。

①　政府主导：从相关发达国家或地区来看，各政府机构对推动BIM应用的干预能力不断加强，发挥了十分重要的作用。各国政府相继出台BIM在具体时间表的实施步骤，为配合规划目标的实现，政府还发挥协调作用，协会、学术研究、设计施工公司、研究机构、标准组织、软件开发商等相关参与主体通力合作，开展政策引导、技术研究、教育培训等工作，共同推动BIM的顺利实施。例如在美国，除了美国总务局（GSA）外，与BIM紧密相关的还有美国标准与技术协会（NIST）、buildingSMART联盟、国际协同联盟（IAI）、CAD/BIM技术中心、建设工程研究实验室（CERL）、斯坦福大学CIFE、Bentley软件开发商等众多合作组织。

②　战略先行：为推动BIM技术的应用，发达国家或地区无一例外都制定了国家层面的BIM技术实施战略，在此基础上制定了适合本国或地区的BIM指南，以指导BIM在行业的具体实施。英国商业、创新和技能部（BIS）在BIM战略白皮书中描述了政府机构提升BIM应用的5年计划（截止到2016年），规定超过5000万英镑的所有公共项目必须应用BIM，而且必须在5年内最低达到成熟度模型的2级水平。BIS还制定了英国BIM应用阶段模型，评价参与主体BIM应用的水平与差距，对应不同BIM应用水平阶段，循序渐进地采取相应措施，从而保障战略规划5个阶段的顺利实施。新加坡建筑建设局在2010年提出了2020年愿景，制定了利用BIM提升建筑业的5年规划，在2010年6月推出了25亿美元的建筑生产率和能力基金（CPCF）计划，并制订了综合计划实施检查BIM指南。

③　项目示范：通过政府力量，强制在公共建筑中推动BIM应用是国际上通用的做法。由于政府或其投资的公共建筑的特殊性，示范项目便于政府协调和控制，是全面落实BIM指南或规划的重要试验田，并随着实践经验的增加，技术标准和政府政策也进一步完善，逐步过渡到引导私人建筑中的BIM技术运用。美国威斯康星州政府2008年至2009年在13个总投资超过30亿美元的建设项目中进行了BIM示范。在挪威、丹麦、瑞典、芬兰、新加坡、韩国等国家和地区，除了公共建筑，也已经开始在私人投资建设项目中推广使用BIM应用，但与公共建筑政府强制推行不同，私人建筑的BIM应用多为市场的自发行为。

④　国际合作：积极开展BIM的国际交流与合作是保障BIM实施的重要手段。在IAI组织推出的IFC标准基础上，IFC2X4版本已经被ISO标准化组织接受，北美地区开始使用NBIM标准，许多国家加强国际合作，制定开放BIM标准的国际框架。例如，在2008年1月，美国、丹麦、芬兰、挪威、荷兰五国达成了"支持OpenBIM标准的意向声明"，开展OpenBIM相关内容的全面合作，将IFC作为OpenBIM的标准，建立了IFD、IDM、MVD、COBie等满足设计、施工及运营信息需求和GIS界面相关开放标准的国际框架。

（三）我国BIM政府政策的重点内容

2010年以来，我国已经意识到BIM技术对改造和提升传统的建筑行业的重要意义，并尝试在政策上推动BIM的实践应用。住房和城乡建设部在2015年下发的《2016—2020年建筑业信息化发展纲要》中，已明确把BIM技术作为设计和施工阶段专项信息技术应用的重要内容，在《建筑业10项新技术（2015版）》中将BIM技术作为主要的新技术进行推广使用，国内有100余项国家级研究课题已经开始涉及BIM的相关研究。但与发达国家政府政策的支持性相比，我国的BIM技术的政府政策仍然显得比较粗放，没有把BIM技术提升到产业战略高度上。因此，借鉴国外发达国家或地区的先进经验，结合我国实际，制定我国BIM技术的政府政策具有重要的战略意义。

① 要充分发挥政府的关键支持和协调作用。一方面，我国市场经济还不成熟，政府强有力的政策导向是实现技术进步的重要手段；另一方面，从北京奥运"水立方"、上海世博会场馆的BIM设计，到上海中心大厦的BIM设计施工使用，我国BIM虽然在行业内应用已积累了一定经验，但多属于企业自发行为，缺乏有效的政府引导；此外，以Autodesk为代表的软件开发商基本上完成了我国市场的认知推广阶段，我国目前参与BIM应用的组织包括以中国勘察设计协会、中国建筑业协会为代表的行业组织，以中国建筑科学研究院、CCDI悉地国际为代表的设计单位，以清华大学、同济大学、华中科技大学为代表的学术机构，以上海建工为代表的施工企业，对我国的BIM应用起着重要的支撑作用，但也存在组织相对分散、各自为政、缺乏系统管理等问题，亟待政府协调明确各方的责任。

② 要制定适合我国行业特点的BIM技术实施战略。《2016—2020年建筑业信息化发展纲要》已把BIM作为信息技术来进行推广，但强制力不足，没有专门制定BIM实施战略。此外，BIM的成功应用需要一套整个建筑产业各相关方统一遵循的标准框架体系，清华大学2010年建立了中国建筑信息模型标准（CBIMS）的框架，但具体实施仍存在诸多困难，这些都需要政府制定明确的BIM战略规划来加以指导，制定出战略实施步骤与行动指南。

③ 要开展公共建筑的BIM应用示范项目。我国也应首先在公共建筑中进行BIM示范化项目试点，积累经验，制定相关BIM技术指南，再加以强制推行，然后政府再进一步明确BIM责任主体，进行逐步有序的BIM技术组织和示范管理。上海中心项目是目前我国应用BIM的典型案例，是第一个实现真正意义BIM应用的工程项目，项目BIM应用涉及总包方上海建工集团以及机电安装公司上安集团，设计方同济设计院及BIM应用咨询CCDI，更重要的是还有近百个分包商参与BIM应用，项目参与各方创造性地建立BIM应用的新型组织结构、业务流程、合同约定等。目前，我国项目对BIM的应用得到了较高的提升，这些典型项目对于我国采用BIM技术的建设项目具有较高的参考价值。

④ 要积极开展BIM国际技术合作。BIM技术是全球化和开放的。近年来，我国政府及行业协会也开始逐步与GSA、buildingSMART等组织建立一定合作关系。我

国许多设计及施工企业内开始设置BIM事业部、BIM技术中心或BIM工作室等机构。华中科技大学、重庆大学、同济大学等近30所高校成立了BIM研究中心或BIM实验室，开始与美国、韩国、日本等国家和地区的BIM组织建立良好的合作关系，举办了多次国际BIM论坛和主题讨论会，既有效传播了BIM技术，也促进了国外对我国应用BIM的了解。今后，我国还应不断拓宽BIM交流的深度和广度，特别是BIM标准的合作，只有这样才能促使BIM在中国应用走向成熟，真正实现BIM的开放性。

第三节 应用BIM障碍

一、BIM应用效果的不确定性及影响因素

虽然BIM对建筑工程参与各方的价值是毋庸置疑的，但是BIM在建筑业内的应用实践却面临绩效影响具有较大不确定性这一应用效果问题。2015年发布的《中国BIM应用价值研究报告》显示，仅有40%的设计企业及45%的施工企业认为其BIM投资回报率（ROI）为正。针对其他国家的调研亦显示，即使是在北美及韩国这两个BIM应用水平高度领先的地区，在2012年分别仅有62%及59%的应答者认为其BIM ROI为正，仍有大量行业人员并未从BIM应用行为中获益。许多学者基于其他视角的调查研究亦显示，BIM应用行为对信息征询单（RFIs）数量、项目进度、项目活动生产率等具体绩效指标的影响，同样具有较大的不确定性。BIM应用效果所存在的不确定性，促使理论界在关注BIM扩散机制推动BIM在行业内快速发展的同时，亦需要进一步探索BIM应用行为如何影响设计及施工绩效，为实现BIM在行业内的更好发展提供理论指导。

有学者对现有实证研究所识别的主要BIM应用影响因素进行了归纳，整体上看，影响因素分为组织因素、合同因素、过程因素、技术因素和环境因素等五个分类。其中，组织因素涉及项目参与方的有关内容，主要有参与方的抵触、基于BIM参与方的管理水平低、参与方建模分散导致模型应用降低、组织内与组织间的不合作、高层领导不支持等五个方面；合同因素主要涉及BIM理念与现有的传统合同的背离，具体有传统的合同关系割裂、合同中对BIM应用的责任和权限的不明晰、BIM价值难以量化、合同中缺少模型的精度要求、缺乏针对BIM应用的标准合同语言等五个方面；过程因素指的是BIM在具体应用过程与现有流程矛盾所面临的问题，包括传统的串行的业务流程、缺少BIM的早期应用限制BIM的应用效果、BIM应用缺乏激励措施、模型会被滥用的风险、组织沟通协调困难等五个方面；技术因素主要指BIM技术在扩散过程中所面临的制约，包括缺少分析模型的工具、缺少数据标准使软件之间信息交换、软件对复杂模型的操作处理困难及缺少应用BIM的培训等四个方面；最后是环境因素，包含现有法律原因、缺少基于BIM的行业规范、全过程的信息结

构规划的欠缺、行业规程及法律责任界限不明等四个方面。

任何工作流程的变化必然会带来相关的风险，BIM的应用也一定会产生一些直接问题和潜在问题。伊斯特曼在其著作《BIM手册》中，认为BIM的应用障碍主要包含了两个方面：过程障碍与技术障碍，过程障碍包括了阻碍BIM应用的法律问题和组织问题。

二、过程障碍

（一）市场还没有准备好接受BIM，现在还在创新阶段

很多业主相信，如果采用基于BIM的新流程和方法来建造设施，那么现在的合同模式也必须要改变，因为能够应用BIM的单位还不是很多，那么势必会影响竞标人的数量从而影响业主得到一个合理的低价中标单位，最终导致项目成本增加。最近的调查显示，大多数业主正在他们的项目中（不同程度地）使用BIM技术，采纳程度从仅使用BIM绘图到IPD（综合项目交付）团队中的全面参与不等。

（二）项目融资和设计工作都已经结束，已经不值得应用BIM

在项目准备施工时，业主和其他参与方的确错过了应用BIM的最佳阶段，但是项目还是有很多机会利用BIM来为项目增值。很多BIM应用成功的案例也并不是从项目开始就应用，例如，香港港岛东中心项目开始应用BIM的时间已经是施工图设计阶段，莱特曼数字艺术中心也是在扩初结束后开始应用BIM，最后预计为项目节约了1000万美元。项目团队同时也表示，如果项目能更早地应用BIM，还会节省更多的成本，我国许多著名的建筑工程同样存在类似的经历。

（三）培训费用和学习费用太高

为了应用BIM，就必须对员工进行必要的培训并改变现有的工作流程。培训的费用和因工作流程改变而可能造成的损失要比投资软件和硬件的费用更大。一般来说，大部分的项目参建方都不愿意主动投资来改变现有的工作模式，除非他们感觉这是公司长期发展所必需的。此外，更多的项目参建方希望业主能出资对BIM的应用进行培训。

（四）BIM的应用效果取决于各方的参与程度

对一个项目而言，很难保证所有的参与方都有能力并愿意使用BIM。国内外很多案例表明，即使不是所有的项目参建方都使用BIM，BIM的应用依然会给项目带来很多收益，但是如果有些参建方没有使用BIM，那么还是会给项目带来一些问题。

（五）法律问题很多，解决这些问题需要付出很大的代价

要促进BIM的应用，有关的合同问题和法律问题就必须先解决。目前，电子信息的交换依然存在障碍，项目团队之间更多的还是用纸制文档进行交流。政府机构在这方面反应更慢，他们需要更长的时间来适应。但是，现在也有一些政府机构和私人公司克服了上述障碍，创新地应用了新的合同语言，不仅重新定义了各方信息交流的方式，而且还改变了传统的责任与风险的分配方式。应用BIM的主要障碍就是责任与风险的再分配。BIM的应用强调的是信息的广泛共享和实时更新，在这种条件下，建模单位就承担了更大的责任。法律界已经认识到这个问题并认为新的风险分配机制势在必行。这个问题有待于专业组织（如美国AIA与AGC，英国BSI等）来修改合同标准或者业主对原有合同进行修改来改变。

（六）模型的所有权及管理问题对业主提出了更高的要求

BIM的应用需要提前在项目的组织和其他方面做很好的规划，在传统的模式下，CM方会负责沟通和协调各方并检查图纸，在BIM模式下，问题更多地会在前期被发现和解决，这不仅仅要求其他参建方及早加入，也对业主提出了更高的要求。这是一个各方交互解决问题的过程。业主需要明确自己在项目中的责任、角色，在其他项目参建方需要业主提供支持的时候，业主能及时提供。

三、技术问题

一是现在虽然某一专业的设计软件在技术上已经相对成熟，但多专业的集成化软件技术尚未成熟。要建立一个集成的BIM模型还是很不容易的，不仅需要花费大量的时间而且要求在专业技术上有一定的水平。现在，很多BIM软件工具已经初步具备了专业集成的能力，基本上可以满足一般项目的需要，但随着建模范围的增大及模型中组成部分的增加，所建立的模型在功能上还没有完全达到应用要求，大部分项目参建方还是利用模型的可视化功能来进行沟通交流、进度安排、运营模拟等。目前，BIM设计软件对一到两个专业的设计方案进行整合没有问题，但如果使设计方案达到施工的详细程度，会更加困难一些。

在应用过程中，更大的问题是有关工作流程和模型管理。将多个专业的模型整合到一起，需要不同的专业人员对模型进行操作，这需要建立明确的标准和规范来管理对模型的更新和编辑，而且要能通过网络存储和访问模型。业主需要对项目团队进行监督和审核，确保他们有能力并正确选择BIM工具，按照要求来完成这项任务。

二是标准还没有达到广泛接受的程度，市场尚未成熟。很多标准类型，像IFC、NIBS及P-BIM，这些标准对提高软件的互操作性及BIM的推广应用都很有帮助。尽管软件公司已经改进了IFC的输入和输出功能，设计师仍然学习如何最佳利用交换标准，且许多组织还在使用其专有的格式进行模型交换。对很多业主来说，投资BIM

也需要承担一定的风险，现在虽然有专门针对业主的标准，但应用层面仍然有限。

第三章 BIM软件以及BIM模型构件等级

第一节 BIM软件

一、BIM软件的概述

BIM软件是工程项目各参与方（包括技术和管理人员）执行标准、完成任务的必要工具。BIM应用水平与BIM软件的专业技术水平、数据管理能力和数据互用能力密切相关。对此进行评估，既可对软件的专业技术水平、实现协同工作和信息共享的能力进行认定，也可为提升BIM应用水平以及合理认定BIM技术的实际应用水平积累数据、奠定基础。

BIM软件的选择是BIM模型构建的前提条件。BIM软件种类繁多，大都自成体系，例如，国外的Autodesk系列、Bentley系列、Dassault系列以及国内的广联达、斯维尔、鲁班系列等，不同的系列有各自的优势与劣势。Autodesk系列软件在民用建筑市场的设计阶段有良好的表现，其软件建模性能强、表现样式好，从建模、模型集成、分析到可视化表达自成体系。Bentley系列软件产品在工厂设计（石油、化工、电力、医药等）和基础设施（道路、桥梁、市政、水利等）领域存在优势。Dassault系列软件产品优劣适中，起源于飞机制造业，在制造业及机械加工方面表现出众，对于工程建设行业复杂形体处理能力也比较强，但操作过于复杂，应用于国内传统建筑行业的要求较高。而鲁班和广联达的BIM系列在计价产品上优势明显，近年来专注于建造阶段，逐步形成了围绕基于BIM的工程基础数据的全过程的解决方案，符合国内的各种相关建设规范的要求，发展迅速。

国外BIM软件，品种和数量很多，因为其起步早，在全球市场也具有较大影响力。加拿大BIM学会对欧美国家的BIM软件进行了统计，共有近百个相关软件，其中可以在设计阶段使用的软件占总数的八成左右，约三分之一的软件可以在建造阶段部分使用，而运营阶段的软件数量不足9%。美国总承包商协会AGC把BIM软件（含BIM相关软件）分成八大类：概念设计和可行性研究软件、BIM核心建模软件、BIM分析软件、加工图和预制加工软件、施工管理软件、算量和预算软件、计划软件、文件共享和协同软件。国内学者对BIM系列核心软件分类如图3-1所示，除了BIM核心建模软件之外，BIM的实现还需要大量辅助软件的协调与协助。

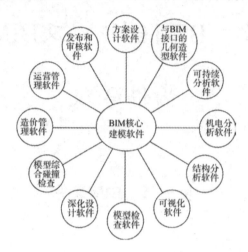

图3-1　BIM核心建模软件

二、BIM软件各阶段应用

作为一种先进的工具和工作方式，BIM技术改变了建筑设计的手段和方法。通过在建筑全生命周期中建立BIM信息平台，建筑行业的协作方式被彻底改变。在设计阶段，设计师应用BIM三维技术与详细的信息，进行空间设计、结构分析、体积分析、传热分析、干涉试验等设计与分析；另外在3D模型中加入时间、仿真施工顺序、纳入成本预算而成为5D模型进行成本概算，使业主了解整个项目需求及预算。在施工阶段，人们直接运用BIM 3D模型，导入4D概念，建立施工排程顺序，可协助施工流程管理，包括施工动员、采购、工程排程及排序、成本控制与现金使用分析、材料订购和交付，以及构件制造与装设等，BIM模型也包含了详细的对象信息，可供承包商施工时，对材料信息及数量进行校对。在运维阶段，建筑物中各项设备模型建立于建筑物模型中并将各项维护作业的细部数据及数据输入，于日后进行建筑物设备维护管理作业时，维护管理部门可利用已建构完成的BIM模型了解相关维护管理作业的进度及责任安排，维护作业人员亦可透过模型了解进度规划及责任分配等信息。

（一）设计阶段BIM软件

项目设计阶段需要进行参数化设计、日照能耗分析、交通线规划、管线优化、结构分析、风向分析、环境分析等，所涉及的软件主要包括基于CAD平台的天正系列、中国建筑科学研究院出品的PKPM、Autodesk公司的核心建模软件Revit、Bentley公司建筑结构产品、Graphisoft的ArchiCAD、Dassault的CATIA等。将其总结成表，如表3-1所示。

表3-1　设计阶段的BIM软件

序号	软件名称	特性描述
1	AutoCAD	二维平面图纸绘制常用工具
2	天正、斯维尔	基于AutoCAD平台，完全遵循中国标准规范和设计师习惯，几乎成为施工图设计的标准，同时具备三维自定义实体功能，也可应用在比较规则建筑的三维建模方面
3	PKPM	中国建筑科学研究院出品，主要是结构设计，目前占据结构设计市场的95%以上
4	广厦结构、探索者结构（AutoCAD平台）	遵循中国标准规范和设计师习惯，用于结构分析的后处理，出结构施工图
5	Sketchup	面向方案和创作阶段，在建筑、园林景观等行业很多人用它来完成初步的设计，然后交由专业人员进行表现等其余方面的工作
6	Allplan	通过所有项目的阶段，一边制作建筑、结构的模型，同时计算关于量和成本的信息
7	Revit	优秀的三维建筑设计软件，集3D建模展示、方案和施工图于一体，使用简单，但复杂建模能力有限，且由于对中国标准规范的支持问题，结构、专业计算和施工图方面还难以深入应用
8	MIDAS	针对土木结构，特别是分析预应力箱式桥梁、悬索桥、斜拉桥等特殊的桥梁结构形式，同时可以做非线性边界分析，水化热分析、材料非线性分析、静力弹塑性分析、动力弹塑性分析
9	STAAD	具有强大的三维建模系统及丰富的结构模板，用户可方便快捷地直接建立各种复杂三维模型。用户亦可通过导入其他软件（如AutoCAD）生成的标准DXF文件，并在STAAD中生成模型。对各种异形空间曲线、二次曲面，用户可借助Excel电子表格生成模型数据后直接导入STAAD中建模
10	ANSYS	主要用于结构有限元分析、应力分析、热分析、流体分析等的有限元分析软件
11	SAP2000	适合多模型计算，拓展性和开放性更强，设置更灵活，趋向于"通用"的有限元分析，但需要熟悉规范
12	Xsteel	可使用BIM核心建模软件提交的数据，对钢结构进行面向加工、安装的详细设计，即生成钢结构施工图
13	ETABS	结构受力分析软件，适用于超高层建筑结构的抗震、抗风等数值分析
14	Caitia	起源于飞机设计，最强大的三维CAD软件，独一无二的曲面建模能力，应用于最复杂、最异形的三维建筑设计
15	FormZ	是一个备受赞赏、具有很多广泛而独特的2D/3D形状处理和雕塑功能的多用途实体和平面建模软件
16	犀牛Rhino	广泛应用于工业造型设计，简单快速，不受约束的自由造型3D和高阶曲面建模工具，在建筑曲面建模方面可大显身手
17	ArchiCAD	欧洲应用较广的三维建筑设计软件，集3D建模展示、方案和施工图于一体，但由于对中国标准规范的支持问题，结构、专业计算和施工图方面难以应用

续表

序号	软件名称	特性描述
18	Architecture系列三维建筑设计软件	功能强大，集3D建模展示、方案和施工图于一体，但使用复杂，且由于对中国标准规范的支持问题，结构、专业计算和施工图方面还难以深入应用
19	Navisworks	Revit中的各专业三维建模工作完成以后，利用全工程总装模型或部分专业总装模型进行漫游、动画模拟、碰撞检查等分析
20	3DMax	效果图和动画软件，功能强大，集3D建模、效果图和动画展示于一体，但非真正的设计软件，只用于方案展示
21	理正给排水、天正与浩辰给排水/暖通/电气、鸿业暖通、博超电气	基于AutoCAD平台，完全遵循中国标准规范和设计师习惯，集施工图设计和自动生成计算书为一体，广泛应用
22	PKPM节能、斯维尔节能、天正节能/日照、众智日照、斯维尔日照	均按照各地气象数据和标准规范分别验证，可直接生成符合审查要求的分析报告书及审查表，属规范验算类软件
23	IES（Virtual Environment）	用于对建筑中的热环境、光环境、设备、日照、流体、造价以及人员疏散等方面的因素进行精确的模拟和分析，功能强大

（二）施工阶段BIM软件

施工建设阶段主要包含施工模拟、方案优化、施工安全、进度控制、实时反馈、工程自动化、供应链管理、场地布局规划、建筑垃圾处理等工序。此阶段是项目全生命过程中涉及成本、质量的关键阶段，采用BIM软件，进行进度工期控制、造价控制、质量管理、安全管理、施工管理、合同管理、物资管理、施工排砖、三维技术交底、施工模拟等工程管理控制，在精确施工、精确计划、提升效益方面发挥了巨大的作用，这为绿色设计和环保施工提供了强大的数据支持，确保了设计和安装的准确性，提高了安装一次成功的概率，减少了返工，降低了损耗，并节约了工程造价。施工阶段所涉及的BIM软件主要包括用于碰撞检查、制作漫游、施工模拟的Navisworks，微软开发的用于协助项目经理发展计划、为任务分配资源、跟踪进度、管理预算和分析工作量的项目管理软件程序Microsoft Project，广联达自主研发的算量、计价、协同管理系列软件等。施工阶段所涉及的BIM软件如表3-2所示。

表3-2　施工阶段的BIM软件

序号	软件名称	备注
1	鲁班软件	预算软件有鲁班土建、钢筋、钢筋（施工版）、鲁班安装（水电通风）、钢构和鲁班总体； 计价软件有鲁班造价； 企业级BIM软件有LubanMC和LubanBIMExpbrer，用于项目管理等的软件
2	Navisworks	碰撞检查，漫游制作，施工模拟
3	Microsoft Pr-oject	由微软开发销售的项目管理软件程序，设计目的在于协助项目经理发展计划、为任务分配资源、跟踪进度、管理预算和分析工作量

续表

序号	软件名称	备注
4	筑业软件	省市的建筑软件、工程量清单计价软件、标书制作软件、建筑工程资料管理系统、市政工程资料管理系统、施工技术交底软件、施工平面图制作及施工图库二合一软件、装修报价软件、施工网络计划软件、施工资料及安全评分系统、施工日志软件、建材进出库管理软件、施工现场设施安全及常用计算系列软件等工程类软件。广泛应用于公用建筑、民用住宅、维修改造、装饰装修行业
5	广联达	BIM算量软件：广联达钢筋/土建/安装/精装/市政/钢结构等；BIM计价软件：广联达计价软件； 施工软件：钢筋翻样软件、施工场地布置软件； BIM管控软件：BIM5D、BIM审图、BIM浏览器； BIM运维软件：广联达运维软件
6	品茗	计价产品：品茗胜算造价计控软件； 算量产品：品茗D+工程量和钢筋计算软件、品茗手算+工程量计算软件； 招投标平台：品茗计算机辅助评标系统； 施工质量：品茗施工资料制作与管理软件、品茗施工交底软件； 施工安全：品茗施工安全设施计算软件、施工安全计算百宝箱与施工临时用电设计软件； 工程投标系列：品茗标书快速制作与管理软件、品茗智能网络计划编制与管理软件、品茗施工现场平面图绘制软件
7	TSCC算量软件	自动从结构平法施工图中读取数据，计算构件混凝土和钢筋用量，统计各构件、各结构层和全楼钢筋、混凝工程量，并可根据需要生成各种统计表
8	TH-3DA2014	实现土建预算与钢筋抽样同步出量的主流算量软件，在同一软件内实现了基础土方算量、结构算量、建筑算量、装饰算量、钢筋算量、审核对量、进度管理及正版CAD平台八大功能，避免重复翻看图纸、避免重复定义构件、避免设计变更时漏改，达到一图多算、一图多用、一图多对，全面提高算量效率
9	青橙	青橙量筋合一算量软件：工程量及钢筋三维图形算量软件
10	神机妙算四维算量软件	图形参数工程量钢筋自动计算新概念，少画图，甚至不需要画图，就可以自动计算工程量钢筋，不但可以自动计算基础、结构、装饰、房修工程量，还可以自动计算安装、市政、钢结构工程量，跟预算有关的所有工程量钢筋都可以自动计算
11	海迈爽算土建钢筋算量软件	一款应用于建设工程招投标阶段、施工过程提量和结算阶段的土建和钢筋（二合一）工程量计算软件。主要面向建设工程领域中业主、施工企业、中介咨询等单位的工程造价人员
12	金格建筑及钢筋算量软件	金格软件的换代产品，它集成了原有的建筑表格及钢筋算量软件，并融入CAD图识别提量，使其成了"图表合一，量筋合一"的综合集成算量软件，是基于自主平台的算量软件
13	比目云	基于Revit平台的二次开发插件，直接把各地清单定额做到Revit里面，扣减规则也是通过各地清单定额规则来内置的，不用再通过插件导出到传统算量软件里面，直接在Revit里面套清单，查看报表，报表格式合理，也能输出计算式

（三）运维阶段BIM软件

在传统建筑设施维护管理系统中，多半还是以文字列表的形式展现各类信息，但是文字报表有其局限性，一方面其无法展现设备之间的空间关系，另一方面在建筑设施的生命周期中，运营维护阶段所占的时间最长，花费也是最高。BIM技术的应用，让建筑运维阶段有了新的技术支持，可以利用BIM工具实现智能建筑设施、大数据分析、物流管理、智慧城市、云平台存储等，大大提高了管理效率。当BIM导入运维之后，可以利用BIM模型对项目整体做了解，模型中各个设施的空间关系，建筑物内设备的尺寸、型号、口径等具体数据，也都可以从模型中完美展现出来，这些都可以作为运维的依据，并且合理、有效地应用在建筑设施维护与管理上。运维阶段的BIM软件如表3-3所示。

表3-3 运维阶段的BIM软件

序号	软件名称	备注
1	WINSTONE	空间设施管理系统可直接读取NAVISWORKS文件，并集成数据库，用起来方便实用
2	ArchiBUS	用于企业各项不动产与设施管理信息沟通的图形化整合性工具，各项资产（Facilities Asset，包括土地、建物、楼层、房间、机电设备、家具、装潢、保全监视设备、IT设备、电信网络设备）、空间使用、大楼营运维护等皆为其主要管理项目
3	Ecodomus	欧洲占有率最高的设施管理信息沟通的图形化整合性工具，优势是BIM模型可以直接轻量化在该平台展示出来。

第二节　BIM平台

随着BIM技术快速发展，BIM平台在BIM作业过程中占据越来越重要的位置，信息在传递过程中的正确性、完整性、时效性全部依赖平台完成，越来越多的管理者认为，BIM信息传递过程中，应该尽量减少人为的干扰，应实现广义的协同以及管理留痕。在住房和城乡建设部印发的《关于推进建筑信息模型应用的指导意见》文件中，也提到了"……建立BIM数据管理平台。建立面向多参与方、多阶段的BIM数据管理平台，为各阶段的BIM应用及各参与方的数据交换提供一体化信息平台支持……" BIM平台建设需要与云计算、物联网等信息技术有机结合起来，其中，将云技术与BIM技术相结合，可使之不但具有一般BIM软件的各种特点，而且使整个平台能够为分布于不同时间和空间的用户提供服务，各项目相关人员能在同一平台上工作，从而支持更大规模的信息协作与共享。这对于建设项目来说，可以针对其建设周期长、参与方分散而众多、专业细致繁多的特点，有效解决信息共享、信息协作和信息安全等问题，也可以实现大规模数据存储与分布式计算。同样，利用物联网技术，可以极大地增加BIM数据的来源，例如，实时感知数据、视频监控数据、传感器数据等，避免人工收集数据的烦琐与错漏，确保信息的准确性与实时性，支持实时、前瞻的分析与决策。

一、BIM平台的内涵

（一）BIM平台的基本概念

"平台"泛指要开展某项工作所依据的基础条件，实际上是指信息系统集成模型。"系统"是由若干相互联系、相互制约的组成部分结合而成，具有特定功能的一个有机整体（集合）。站在信息系统的角度，"平台"是基础，在平台上构建相互联系、相互制约的组成（不同功能软件）部分，就成了"系统"。

就技术本身来讲，平台实际上是信息系统集成模型（图3-2），平台的概念基本上有三种：数据层集成模型、业务层集成模型及表示层集成模型。

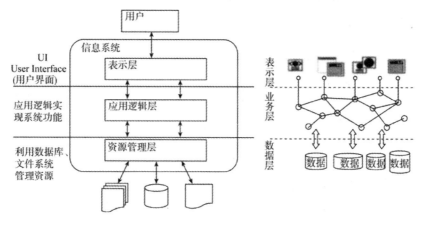

图3-2　集成模型层次概念图示

① 数据层集成模型：通过共享其他软件所创建、维护并存储的数据来完成信息系统集成，实现了较好的数据级的重用和同步。

② 业务层集成模型：通过对一系列逻辑上相关的业务流程进行设计和重组，对子系统的业务层进行改造，形成新的业务层。

③ 表示层集成模型：通过重写界面规则，对信息系统的入口进行链接，形成统一的用户界面，对业务的处理仍通过子系统独立完成。

BIM是建设行业信息系统集成技术，按照美国BIM标准对BIM的定义：需要有个共享平台（Model），这个平台需要满足项目全生命期各决策方的应用软件对Model的利用和创建（Modeling），Model和所有决策方的Modeling都需要按照公开的可互操作标准（数据接口标准）进行操作管理（Management）。目前常用的BIM平台及其系统功能软件的数据接口标准如表3-4所示。

表3-4　常用BIM平台

平台名称	集成模型	功能软件数据格式	系统功能软件数据接口标准	标准性质	平台费用
IFC+IFD	数据层集成	IFC概念模式	IDM&MVD	公开	免费
Revit	业务层集成	RVT	—	内部	收费
MicroSation	业务层集成	DGN	—	内部	收费
HIM	业务层集成	无要求	P-BIM软件功能与信息交换标准	公开	免费

另外，从应用角度来看，BIM平台为"应用平台"，提供工程项目全生命期的BIM创建、管理和应用机制，实现项目全生命期各阶段、多参与方的各专业信息共享和无损传递；提供协同工作和业务逻辑控制机制，实现多参与方协同工作及其业务流程组织与调度；为BIM应用软件和相关业务软件，提供运行环境以及通用的基本业务功能，实现基于BIM的各项业务功能。

（二）BIM平台的特征

BIM平台主要分为一般特征和技术特征，其中，BIM平台一般特征如下：

① 通用性：为不同类型工程项目管理模式以及子（分）公司不同组织结构管理流程，提供统一、稳定的基础平台，为未来企业发展、业务拓展奠定坚实的平台基础。

② 扩展性：平台可面向不同工程项目、子（分）公司特点，对平台功能、业务流程进行定制开发与功能扩展。平台扩展过程中应保证平台的稳定性和各模块的独立性，降低各模块的相互影响。

③ 灵活性：平台的数据管理应具有一定的灵活性，可以根据企业不同分公司和项目的业务需要，对数据存储、数据权限进行方便的定制和调整。此外，平台的接口、服务、流程配置等也应具有一定的灵活性，实现不同功能、业务流程的调整和定制，服务不同的管理需求及业务流程。

二、BIM平台架构

（一）逻辑架构

BIM平台系统的逻辑架构从下到上可划分为数据源、接口层、数据层、平台层、模型层和应用层共6层，支持其规划、设计、施工、运维各阶段不同参与方和专业的信息协作与共享，如图3-3所示。

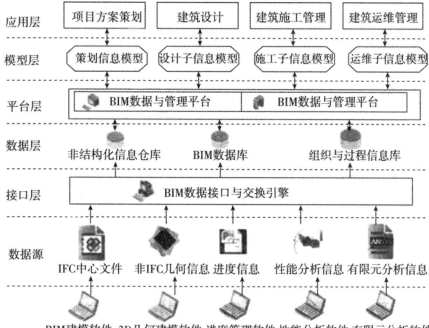

应用层　项目方案策划　建筑设计　建筑施工管理　建筑运维管理

模型层　策划信息模型　设计子信息模型　施工子信息模型　运维子信息模型

平台层　BIM数据与管理平台　BIM数据与管理平台

数据层　非结构化信息仓库　BIM数据库　组织与过程信息库

接口层　BIM数据接口与交换引擎

数据源　IFC中心文件　非IFC几何信息　进度信息　性能分析信息　有限元分析信息

BIM建模软件　3D几何建模软件　进度管理软件　性能分析软件　有限元分析软件

图3-3　BIM平台逻辑架构

① 数据源：数据源主要为相关的BIM建模软件、3D几何建模软件及相关的应用型软件提供数据服务，通常包括相对应的各类信息及IFC中心文件。

② 接口层：接口层为平台层各类服务提供了与数据库交互所需的数据解析、提取与集成技术，包括模型数据接口引擎和非结构化数据接口引擎。接口层针对各类数据源的具体特征，实现统一的数据接口，对平台层屏蔽了异构分布式数据源存取的技术细节，便于平台层服务的研发、维护与扩展。

③ 数据层：考虑到建设项目参与方众多、分布广而分散的特点，采用基于混合云架构的分布式存储方式为系统提供数据存储支持。考虑数据的传输效率和私密性、安全性，将数据的存储分别布置在项目部、分公司和总公司内网中，搭建在云端服务器上，各节点分为模型数据库、非结构化文件系统。

④ 平台层：BIM平台通过服务层的各项基础服务为各应用软件提供数据和计算的交互。该层所包含的主要服务有5个方面。权限服务，包括数据读取控制、修改控制等；模型服务，包括水电工程信息模型的存储、查询、提取、更新、对比、历史版本管理等，模型数据存储的节点位置和提取方式也由该类服务提供；子模型服务，进行各阶段、各专业子模型的定义、解析、提取、集成等；基础模型处理服务，包括三维可视化显示、模型面片化处理等；基础分析服务，包括通用性分析、通用经济分析等。

⑤ 模型层：模型层提供支持应用层具体软件的信息模型，为具体应用点提供信息支撑。子信息模型是水电工程全生命期信息模型的子集，且能够在一定程度上自

洽，根据应用点的具体需求定义。子模型宜通过MVD标准和IDM标准定义，采用IFC中性文件的方式进行存储，以便于各软件之间的互用。

⑥ 应用层：BIM平台系统架构最高层，具体表现为建设项目全生命周期的应用。BIM平台软件指的是在统一BIM平台上运行、共享BIM数据的应用软件。BIM软件通常包括财务软件、设计分析软件、投标管理软件及项目管理软件等。

（二）物理架构

基于上述逻辑架构和云技术的BIM平台物理架构如图3-4所示。架构由企业层级、子（分）公司层级和项目部层级通过互联网构成一个统一的云平台。需要说明的是，可根据不同层级所需功能不同，部署不同的数据存储节点和数据服务节点，并可根据网络特点将服务节点部署在不同的物理位置。

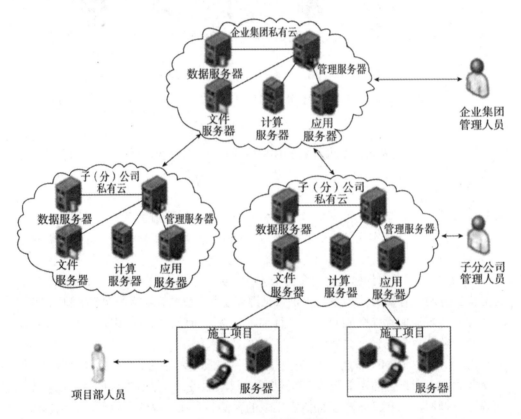

图3-4　BIM平台逻辑架构

① 企业和子（分）公司可自行在虚拟计算机集群中搭建应用服务器、文件服务器和虚拟机计算集群，采用管理服务器统一调配部署在各地的应用服务器，对用户访问和数据存储、通信进行统一调配和管理。

② 企业节点主要集成各子（分）公司数据，对各子（分）公司进行统一管控，

实现统一的数据集成、沉淀与大数据分析挖掘，为智能化决策管理奠定基础。

③ 子（分）公司可根据子（分）公司管理需求，建立子（分）公司节点，实现子（分）公司自有数据和上报企业集团数据的统一管控，从而既可保证在子（分）公司对项目的统筹管理，也可以方便地控制数据访问权限，确保数据安全。

④ 施工项目节点可根据项目需求直接采用子（分）公司节点，还可以重建项目级服务器，以保证每日现场模型变更、数据缓存分析等功能的实时快速响应。施工现场人员可通过手机端、Web端等与项目服务器交互，施工项目节点通过因特网与子（分）公司节点实现相互集成。

三、BIM平台功能

（一）BIM平台需求

越来越多的工程建设单位对基于BIM的平台的需求迫切，以期待解决如下问题：

① 参建方众多，多渠道数据的集成管理需求。业主方、主设计方、BTM咨询方、施工总承包方、幕墙钢结构等深化设计方等，都会在业主的统一管理下展开BIM应用。由于每一参建方都需要创建、管理各自的BIM信息，若仍采用传统的点对点的信息沟通方式，则在项目建设过程中会发生信息丢失问题。项目参建各方由点对点的沟通方式转变为基于信息系统的集中式沟通方式，是BIM协同平台信息管理的基本需求。

② 项目信息以及BIM模型文件格式多样化，整合非结构化数据的需求。大型项目各专业、各参建方所使用的BIM软件类型非常多，此类数据的特点是大多以文件形式存在，很难保存在一般的数据库系统中，只有把文件所包含的关键数据存储在数据库系统中，才能实现BIM信息的整合，并为业主所用。

③ BIM模型的存储与内部数据检索的需求。目前市场上已经有一些成熟的图档管理软件，可以实现普通图文档的数据协同、版本处理以及文件归档等功能，但是BIM数据有其自身的特点，普通的图文档软件无法胜任BIM数据的管理需求。一是BIM文件一般比较大，大数据量的网络传输时间长，用户浏览模型的效率问题无法解决；二是BIM文件包含的信息量非常大，需要迫切研究深入BIM文件内部的数据检索问题；三是一个BIM文件的形成需要众多项目参建主体的参与，BIM实体对象关系复杂，BIM时代的数据协作标准、BIM文件命名规则、BIM文件版本控制标准等基础性问题亦需要仔细斟酌。

④ BIM模型用于项目管理的需求。BIM模型除了完成BIM设计优化、施工组织模拟、三维出图以及可视化交底等常见专业应用外，必须帮助业主完成合同管理、成本分析等项目管理功能才能更有效地发挥其作用。

（二）BIM平台的功能

BIM平台的功能至少应包括两个方面的内容：BIM设计平台（存储与管理模型文件）与BIM项目管理平台（抽取模型文件信息用于项目管理）。分别说明如下。

1. BIM设计平台

（1）建筑模型信息存储功能

建筑领域中各部门、各专业设计人员协同工作的基础是建筑信息模型的共享与转换，这也是BIM技术实现的核心基础。所以，BIM设计协同平台应具备良好的存储功能。目前在建筑领域中，大部分建筑信息模型的存储形式仍然为文件存储，这样的存储形式对于处理包含大量数据且改动频繁的建筑信息模型效率是十分低下的，更难以对多个项目的工程信息进行集中存储。而在当前信息技术的应用中，以数据库存储技术的发展最为成熟、应用最为广泛。并且数据库具有存储容量大、信息输入输出和查询效率高、易于共享等优点，所以采用数据库对建筑信息模型进行存储，可以解决关于BIM技术发展的问题。例如，可根据IFC标准构建BIM建筑信息模型数据库，同时此数据库可以对多个项目的工程信息进行集中存储。

（2）图形编辑平台

在BIM协同平台上，各个专业的设计人员需要对BIM数据库中的建筑信息模型进行编辑、转换、共享等操作。这就需要在BIM数据库的基础上，构建图形编辑平台。图形编辑平台的构建可以对BIM数据库中的建筑信息模型进行更直观的显示，专业设计人员可以通过它对BIM数据库内的建筑信息模型进行相应的操作。不仅如此，存储整个城市建筑信息模型的BIM数据库与GIS、交通信息等相结合，利用图形编辑平台进行显示，可以实现真正意义上的数字城市。

（3）建筑专业应用软件

建筑业是一个包含多个专业的综合行业，如设计阶段，需要建筑师、结构工程师、暖通工程师、电气工程师、给排水工程师等多个专业的设计人员进行协同工作，这就需要用到大量的建筑专业软件，如结构性能计算软件、光照计算软件等。所以，在BIM建筑协同平台中，需要开发建筑专业应用软件以便于各专业设计人员对建筑性能进行设计和计算。

（4）协同平台

由于在建筑全生命周期过程中有多个专业设计人员的参与，如何能够有效地管理是至关重要的。所以，需要开发协同平台，通过此平台可以对各个专业的设计人员进行合理的权限分配，对各个专业的建筑功能软件进行有效的管理，对设计流程、信息传输的时间和内容进行合理的分配，这样才能更有效发挥基于BIM技术建筑协同平台的优势，为BIM技术的实现奠定基础。

2. BIM项目管理平台

BIM项目管理平台，将包含有大量信息的模型通过轻量化处理后上传至线上，各参与方无须学习专业的软件就可以便捷地浏览三维模型，通过浏览模型发现问题，及时记录沟通，将包含有信息的模型最大化地用于各专业间，加强各专业间协调、同步紧密地配合。项目协同管理平台的主要功能如下：

（1）数据文档存储交换

一个建设项目从前期规划设计到后期施工单位，参与单位非常多，不同单位之间的信息数据交换非常烦琐，都需要通过业主单位作为中间环节，将图纸、报告、文档等数据信息传递给其他单位，很容易造成数据信息沟通滞后，增加项目各方的沟通成本。项目协同管理平台实现了对项目文档数据、信息数据等汇总、分类管理及储存，在平台中根据不同项目参与方角色创建与之唯一匹配的项目文件夹，通过权限设置进行项目参与方与相关文件夹之间点对点的单一操作关联，其他参与方想要访问该文件夹需经过管理员的权限审核。这样，既能保证文档数据的安全保密，又能有序地关联文档流转。平台支持在线查看Office、CAD、Revit、pdf等常用软件的文件。这样，既能高效利用平台资源，也可省去在本地安装各种软件客户端的麻烦。

人们还可以通过明确文档命名规则，并提供一系列的文档标签进行版本标识，确保在过程中快速查找到指定的文档，也不会出现因为重名导致文档丢失的情况。通过平台进行文档存储数据交换能够极大地提高项目数据存储的安全性，也能满足各专业间、各参与方的数据、信息的规则交换需求。

（2）项目任务分工协作及即时沟通

在协同管理平台中，可以让项目参与人员通过在线浏览模型和图纸对发现的问题进行视点保存和批准，将视点以任务的形式发送给责任人员，责任人员收到任务后可对视点描述的问题进行回复，并能够在平台任务列表中跟踪任务进展情况。

协同管理平台还提供即时沟通功能，在推送任务的同时可以就某些重要话题创建沟通交流群，在线进行沟通交流，既能保证交流内容的隐秘性、安全性，还可以对交流内容进行存档，方便后期查看。

（3）项目设计协调管理

随着项目的复杂程度越来越高，要在传统的二维平面图纸和纸质记录文件中发现、解决问题难度很大。人们可以通过平台线上发现问题，及时沟通交流，进行多方协同解决，如多专业管道碰撞、不规则或异形的设计跟结构位置不协调、设计维修空间不足等问题。利用平台问题跟踪的功能，可以将问题按照规定的格式填报至平台问题跟踪表单中，并指定问题责任方，设置解决期限。问题责任方在接收到问题后，可以在平台上对问题进行协同沟通讨论，并将解决方案上传至平台。问题审核人针对解决方案进行审核，审核通过后即可对问题进行销项处理。

（4）轻量化模型可视化浏览

现阶段，BIM技术对硬件设备要求极高，尤其针对大体量的项目，往往需要高配置的工作站才能实现BIM模型的浏览。通过研发基于B/S架构的模型浏览平台，并且针对项目特性对模型进行轻量化处理，实现了在普通计算机设备上就能轻松地浏览项目整体模型的目的。基于Web端的三维模型浏览平台采用Unity 3D底层技术，无须安装任何模型操作软件，即可随时随地查看三维模型、属性、工程量等信息；并且由于其操作简单、功能定制化，操作人员也无须经过专业的软件培训就能很快掌握平台查看模型的技能。基于Web端的三维模型浏览，可以实现三维校审，大大减少错、碰、漏、缺现象，在设计成果交付前消除设计错误，减少设计变更，有效控制项目建设成本。

（5）项目进度协调管控

项目协同管理平台的最大特点是协调性，通过平台对各家单位的实施进度进行节点把控。各家单位在平台中输入进度计划，由业主进行审核，各单位之间的节点具备一定的关联性，上家单位的节点变化会影响下家，下家单位的节点会进行提醒及自动调节，实现进度计划的协调管控。

协同管理平台可以将模型与进度节点进行挂接，模拟实际的施工建造过程；进行虚拟施工以后，可以检查时间节点与施工进度之间的状况是否匹配，进度计划设定是否合理，工序与工法能否顺利等；可以导成数据报表，进行量化分析，从而制定一套切实可行的施工方案，优化管理。

（6）项目成本优化

BIM技术的基本属性之一就是成本管控，人们能够在项目协同管理平台上将设计阶段的模型直接导出符合国家计算规则的工程量，并能根据清单编码自动匹配清单综合单价，这样就能快速、准确地算出项目概算。为项目招标阶段的清单编制以及项目预算提供核算依据。

针对设计变更部分，协同管理平台能够将传统的设计变更单内容通过BIM模型以直观的方式进行展示，还能提供变更前后的模型对比分析，验证设计变更的技术可行性。同时针对变更部分的成本差异，平台能够直接查看变更前后的量差，造价人员可以通过平台对变更进行经济分析，这样就能验证设计变更的经济可行性，从而达到控制项目成本的目的。

（7）项目质量监督检查

针对现场施工质量，项目质检人员可以通过手持端平台APP，将现场的质量问题直接拍照并与模型进行关联，形成质量整改单，将整改单发送给责任人员。责任人员收到质量整改单后，立即对现场问题进行整改，整改完成后通过平台回复质量整改详情，质检人员在收到质量整改详情后再通过平台对现场进行验收，验收合格后将质量整改单进行评估，完成质量整改。

人们还可以通过平台对现场材料、设备进行二维码扫描，扫描后将材料、设备的验收详情输入平台，并与平台中存储的材料、设备验收合格条进行比对，从而完成材料、设备的质量验收。

四、典型BIM平台

（一）Revit

Revit是当前最知名的建筑设计市场BIM的领导者，它是欧特克公司在收购一家创业公司的Revit程序后，于2002年发布的软件。Revit是一个完全独立于AutoCAD的平台，拥有完全不同的代码和文件结构。Revit是一个集成的产品家族，包括Revit建筑、Revit结构和Revit机电。其可运行于微软操作系统，或在使用微软BootCamp插件后，运行于MacOS系统。可同时在32位和64位的操作系统上运行。

Revit提供了一个易于操作的界面，对于绘图有很好的支持，其绘制的图纸具有极强的关联性，因此其发布的图纸便于管理。它提供了图纸到模型之间的双向编辑，以及诸如门、门构件的时间计划表的双向编辑功能。Revit支持开发新的自定义参数对象和自定义预设对象，支持参数的参数关系。目前发布的应用程序编程接口（API）为外部的应用程序提供了良好的支持。Revit拥有一个非常巨大的产品库，特别是其自身的欧特克搜索库，提供各类规范和设计对象。Revit作为BIM市场的领导者，拥有相关应用程序的最大集合。由于广泛的支持应用程序变成了一个强大的平台，因此它可与其他操作系统连接实现场地分析与规划、构件制造、工料估算、四维模拟等分析。Revit建筑支持以下文件格式：DWG、DXF、DGN、SAT、DWF/DWFx、ADSK（建筑构件）、html（空间报告）、FBX（三维视图）、ghXML、IFC和ODBC（开放的数据库链接）。

（二）Bentley系统

Bentley为建筑、机电、公共建设和施工提供了许多的相关产品。在2004年发布的Bentley建筑，即它们的建筑BIM工具，是其早期产品Triforma的进化版，它运行于MicroStation之上，可在32位和64位的操作系统上运行。Bentley是土木工程和基础设施市场的主要参与者。

作为一种建筑建模和图纸生成的工具，Bentley提供了大部分的建筑模型工具，用于处理AEC（建筑、工程和施工）行业内的几乎所有范围的建筑建模和图纸生成业务。它能支持复杂曲面的建模，包括贝塞尔曲线和样条曲线。它支持多层次的开发自定义参数对象，包括参数单元模块和生成构件。其参数建模插件和生成的构件能明确复杂几何参数集成的定义。Bentley为对象的大型项目提供扩展支持，同时也提供多平台和服务器功能。在数据一致性和用户界面层次上，Bentley的大型产品都只是部分集成。因此，用户需要花更多的时间学习和操作。其迥异的功能模块包括不同的对象特性，增加了学习难度。

（三）ArchiCAD

ArchiCAD的用户界面非常精细，包括智能光标、拖曳操作提示和文本感应操作菜单。其模型的构建和易于上手是其忠实用户的最爱。基于全三维的模型设计，拥有剖/立面、设计图档、参数计算等自动生成功能，便捷的方案演示和图形渲染，为建筑师提供了一个强大的可视化图形设计工具。ArchiCAD完善的团队协作功能为大型项目的多组织、多成员协同设计提供了高效的工具，团队领导者可以根据不同区域、不同功能、不同建筑元素等属性将设计任务分解，而团队成员可以依据权限在一个共同的可视化项目环境里准确无误地完成协同工作。同时，ArchiCAD创建的三维模型，通过IFC标准信息平台的信息交换，可以为建筑设计、结构分析等提供强大的基础模型，为多方专业协同设计提供有效的保障。

（四）DP

达索（Dassault）的CATIA是在航空航天、汽车行业内首屈一指的大型系统的参考建模平台。由Gehry Technology开发的Digital Project（DP）是基于这个平台的建筑和建设的定制软件，DP是达索系统CATIA虚拟设计解决方案专门针对核心引擎而开发的系统。DP具备施工管理架构，可以处理大量的复杂几何形体，拥有大规模数据的数据库管理能力，可以使建筑设计过程拥有良好的沟通性、智能化的参数群组，还可以撷取各细部的局部设计，并自动生成图说优化报告。DP无限的扩展性，适用于都市设计、导航与冲突检查。此外，DP具有强大的API功能，供用户开发附加功能，可以自行设定控管，方便又准确地和其他软件互相交流。但是DP也存在学习曲线复杂度高、启动成本高、用户接口复杂、组件资源库有限、剖面及施工图的输出简略等问题。

（五）Tekla

Tekla是芬兰Tekla公司开发的钢结构详图设计软件。它通过创建三维模型自动生成钢结构详图和各种报表。由于图纸与报表均以模型为准，而在三维模型中操纵者很容易发现构件之间连接有无错误，所以它保证了钢结构详图深化设计中构件之间的正确性。同时Xsteel自动生成的各种报表和接口文件（数控切割文件），可以服务（或在设备直接使用）于整个工程。它创建了信息管理和实时协作的新方式。Tekla公司在提供革新性和创造性的软件解决方案方面处于世界领先地位。Tekla产品行销60多个国家和地区，在全世界拥有成千上万个用户。

（六）Luban BIM Works

鲁班多专业集成应用平台（BW）可以把建筑、结构、安装等各专业BIM模型进行集成应用。BW可以对多专业BIM模型进行空间碰撞检查，并对因图纸造成的问题进行提前预警，第一时间发现和解决设计问题。有些管道由于技术参数原因禁止弯折，必须通过施工前的碰撞预警才能有效避免这类情况发生。BW能够实现可视化施工交底来降低相关方的沟通成本，减少沟通错误，争取工期。

（七）MagiCAD

广联达MagiCAD软件是整个北欧及欧洲大陆地区领先的机电BIM软件，广泛应用于通风、采暖、给排水、电气、喷洒系统和支吊架的设计与施工，是大众化的BIM解决方案。该软件包括风系统设计、水系统设计、喷洒系统设计、电气系统设计、电气回路系统设计、系统原理图设计、智能建模、舒适与能耗分析、管道综合支吊架设计，共9个模块。

（八）Glodon BIM5D

广联达BIM5D是基于BIM的项目管理工具，以BIM平台为核心，集成土建、机电、钢构、幕墙等各专业模型，并以集成模型为载体，关联施工过程中的进度、合同、成本、质量、安全、图纸、物料等信息，利用BIM模型的形象直观、可计算分析的特性，为项目的进度、成本管控、物料管理等提供数据支撑，协助管理人员有效决策和精细管理，从而达到减少施工变更，缩短工期、控制成本、提升质量的目的。平台包含典型工况、施工模拟、流水视图、合约规划、工程计量、物资提量、质量安全七大应用。

第三节　BIM模型构件等级

建筑设计的核心是信息从近似到精确的过程。在日常实践中BIM从业者常常会面临"信息交流困境"。BIM模型的创建人可能没有考虑到BIM的许多应用目的（如成本估价、进度、性能模拟等）。为了有效地交付项目，必须先确定需要什么信息，从谁那获得以及什么等级的细节。这样BIM对特定用途的精确度和适用性的定义框架的需求就变得日趋明显。

一、LOD的内涵

LOD理念起源于Webcor建筑公司，该公司的Vico Software在2004年推出了模型进阶技术规格书（Model Progression Specification，MPS）概念，首次使用了LOD缩写，代表"细节等级"（Level of Detail），以管理BIM模型的内容。丹麦也是早期探索BIM信息分类的国家之一。丹麦出版的《3D工作方法2006》在设计过程中引入了7个（0~6）信息级别，规定了设计过程不同阶段的各专业领域模型的内容。

（一）Level of Detail

公司Webcor Builders与Vico合作，进一步发展Level of Detail这一概念。MPS的核心是LOD定义，描述BIM构件在逻辑上从最低级别的概念近似到最高级别的表示精度的步骤。从概念到完工的五个层次都足以确定进展。然而，为了更方便添加中间等级，将五个等级命名为如下100～500级：

100. 概念Conceptual

200. 大致几何尺寸Approximategeometry

300. 精确几何尺寸Precisegeometry

400. 按照Fabrication

500. 完工As-built

LOD定义可以通过两种方式使用：定义阶段结果和分配建模任务。

① 阶段结果。随着设计的发展，模型的各个构件将以不同的速率从一个LOD进行到另一个。例如，在传统阶段，在工程设计阶段结束时，大多数构件都需要在LOD300，而在施工阶段，深化设计编制过程中，大部分构件将达到LOD400，而一些构件，如油漆，永远不会超过LOD100，涂料层实际上不被建模，但其成本和其他性质附着在适当的墙部件上。BIM时代不同于传统2D时代。2D时代的每个设计阶段的构件基本处于相同等级。在BIM时代，每个设计阶段的构件可以有不同的等级。因此，BIM时代如果说模型等级为LOD300就没有意义，等级只有对于BIM构件才有意义。

② 任务分配。除了三维展示之外，还有大量与BIM中的构件相关的信息，这些信息可能由各种人员提供。例如，建筑师可以创建墙体的三维展示，承包人可以提供成本，空气调节工程师可以提供U值（热导系数），声学顾问可以提供STC（声音传播分级）等级等。

（二）Level of Development

在Webcor和Vico合作将他们的MPS成果提交给美国建筑师学会（AIA）加州理事会集成项目交付（IPD）工作组技术小组委员会后，AIA国家文件委员会通过了这些概念。2008年，该概念被纳入E202™-2008。AIA将这些概念演变为"Level of Development"。AIA（2008）文件不包含任何对"Level of Detail"的引用，"LOD"的缩写代表"Level of Development"。

此外，通过模型构件表，在项目的每个阶段，将每个模型构件的特定责任（模型构件创建人/Model Element Author，MEA）分配到定义的LOD。"Level of Development"被定义为"开发模型构件的完整性水平"（A1A，2008）。E202™-2008定义了五个逐步详细的等级（100、200、300、400和500）。每个后续的LOD建立在前一个LOD基础之上，并包括所有以前LOD的属性（AIA，2008）。此外，对于每个等级，它给出了模型内容要求（Model Content Requirements）的定义，并解释了可以定制的授权用途（Authorized Uses）。LOD是指对模型构件的依赖。因此，即使可以包含比所要求的数据更多的数据，任何用户也只能依赖所述LOD的准确性和完整性（AIA，2008）。在AIA（2008）文件中，MEA同时负责模型构件的几何和非图形方面，从LOD200到LOD500也可以附加非几何数据。

（三）美国Level of Development技术规格书

2011年，BIMForum启动了《Level of Development技术规格书》的编制工作，并成立了一个由设计和施工方面专家组成的工作组，《Level of Development技术规格书》于2013年发布，此后每年都颁布新版LOD技术规格书及其指南。在该LOD技术规范书中，工作组解释了AIA对每个建筑系统的基本LOD定义，并编制了示例来说明。由于BIM使用范围越来越广泛，该组织决定只聚焦解决模型构件几何，以及与此相关的三个最常见的用途——工程量计算、3D协同以及3D控制和计划。

1．Level of Development（LOD）框架的目的

Level of Development（LOD）框架解决了当BIM用作沟通或协同工具时出现的几个问题，即当模型创建人以外的人从中提取信息时：① 在设计过程中，建筑系统和组件从模糊的概念想法进展到精确的描述。在过去，没有一种简单的方式来指定模型构件沿着这条路径的位置。模型创建人知道，但其他人往往不知。② 很容易误解元素建模的精度。传统时代很容易从外观推断绘图的精度。而现在，在一个模型中，大致放置的通用组件可以与精确定位的特定组件看起来完全相同，因此需要除了外观之外的东西来区分差异。③ 可以从BIM推断创建人无意的信息，可以精确地测量未定义的维度，汇编信息在最终确定之前经常存在等。在过去，这个问题常常在免责声明上说"由于模型中的一些信息是不可靠的，您可以不依赖其中的任何信息"。LOD框架允许模型创建人清楚地说明给定模型构件的可靠性，因此概念变为"由于某些模型中的信息是不可靠的，你只可依赖于我专门指出你可以依赖的信息"。④ 在合作环境中，模型创建人以外的人员依赖于模型中的信息，以便将自己的工作推向前进，设计工作计划非常重要，模型用户有必要了解信息何时可用于计划他们的工作，LOD框架可以解决这个问题。⑤ LOD框架通过提供行业发展的标准来描述BIM内各种系统的发展状态来解决这些问题。通过促进BIM里程碑和交付成果的详细定义来实现沟通和实施的一致性。

2.Level of Development和Level of Detail

AIA认为，Level of Detail本质上是模型构件中包含多少细节；Level of Development是构件几何和附加信息被考虑到的程度，以及项目团队成员在使用模型时可以依赖于信息的程度。实质上，Level of Detail是模型组件的细节程度（包含了多少细节），可以被认为是元素的输入，而Level of Development是可靠的输出。

一般可理解为，Level of Detail关注的是模型中包括的元素和信息，而Level of Development关注的是模型中可用的元素和信息。

二、LOD基本定义

LOD基本定义如表3-5所示。

表3-5　LOD基本定义

LOD100	模型构件可以在模型中用符号或其他通用形式表示，但不满足LOD200的要求。与模型构件相关的信息（每平方英尺成本、HVAC质量）可以是衍生自其他模型构件
LOD200	模型构件在模型中以图形方式表示为具有近似数量、大小、形状、位置和方向的通用系统、对象或部件。非图形信息也可以附加到模型构件
LOD300	模型构件在模型中以数量、大小、形状、位置和方向在图形上表示为特定系统、对象或部件。非图形信息也可以附加到模型构件
LOD350	模型构件在模型中以数量、大小、形状、方向和位置与其他建筑系统的接口方式在特定系统、对象或部件中以图形方式表示。非图形信息也可以附加到模型元素
LOD400	模型构件在模型中作为特定系统、对象或部件在尺寸、形状、位置、数量和方向上以图形方式表示，具有详细信息、制造、组装和安装信息。非图形信息也可以附加到模型构件
LOD500	模型构件根据大小、形状、位置、数量和方向的现场验证表示。非图形信息也可以附加到模型构件

LOD的基本定义可以柱基础（深基础）的模型加以解释，分别展示LOD300、LOD350及LOD400的模型情况。

（一）LOD350

在将LOD350纳入之前，早期的AIAG202LOD定义为设计师和工程师留下了大量的解释空间。模型的确定性在一定程度上受到损害。AIA认为需要一个能够满足各专业之间协同（如碰撞检测）的模型构件LOD。该LOD的要求高于300，但不高于400，因此被指定为LOD350。LOD350可简单地看成LOD300再加上建筑系统（或组件）间组装所需之接口（interfaces）信息细节。

随着模型清晰度的增加，各个专业，如MEP、结构、建筑等，都增加了一个新的层次，也增加了BIM可交付成果的普及和需求，包含LOD350可以使用书面定义、图形可视化建筑构件和系统之间的界面。此外，LOD350还使得总承包人更加容易进行施工布局和放样。在这种情况下，LOD350已经证明是解决大量返工和冗余建模的关键。

（二）LOD定义作为最低要求

LOD提供了从概念到指定的构件进展的五个快照——在定义的LOD之间的这一进程中有许多步骤。LOD定义应该被认为是最低要求，即仅当定义中所述的所有要求都得到满足时，构件已经发展到给定的LOD。还应该指出，对于给定的构件要求是累积的，每个LOD定义包括所有以前的LOD的要求。因此，为了符合LOD300的构件，它必须满足LOD200和LOD100以及LOD300定义中规定的所有要求。

（三）模型构件创建人MEA

由于文件没有规定特定组件的创建人在某一LOD应该是谁——建模各种系统的责任顺序将因项目而异。为了适应这种变化，AIAE203-2013重新定义了模型构件创建人（MEA）的概念："模型构件创建人是负责管理和协调某特定模型构件开发的组织（或个人），实现项目里程碑所需的LOD要求，而不管谁负责在模型构件中提供内容。"

（四）不存在LODX00模型

LOD和工程生命周期各阶段之间没有严格的对应关系。建筑系统通过设计过程以不同的速度开发。例如，结构系统的设计通常远早于室内工程的设计。在初步设计阶段完成时，模型将包括LOD200中的许多构件，但也包括许多LOD100，以及一些LOD300，甚至LOD400。

同样，不存在"LODXOO模型"。如前所述，在任何交付阶段的项目模型将始终包含各种发展阶段的构件和部件，不同发展阶段的BIM模型必然包含不同LOD的组件，而不会发生所有组件都同时可以或有需要发展到同一个LOD的情况。例如，在初步设计阶段完成时需要"LOD200模型"是不合逻辑的。相反，"初步设计模型可交付物"可能包含模型的各级发展构件。

如果以目前的工程图概念来对应以上的LOD，或可简单地得到如下关联：LOD100相当于概念设计（Conceptual Design）图，LOD200相当于初步设计（Preliminary Design）图，LOD300可对应到细部设计（Detailed Design）图，LOD400相当于施工（Construction）图，LOD500相当于竣工（As-built）图。

三、不同LOD比较

（一）英国的LOMD

2013年英国标准学会发布了PAS1192-2：2013 *Specification for information management for the capital/delivery phase of construction projectsusing Building Information Modeling*。PAS1192-2：2013将"level of definition"定义为包括"level of model detail"和"level of information detail"。其中，"level of model detail"定义为模型的图形内容，而"level of information detail"则定义为模型的非图形内容。

PAS1192-2：2013将levels of model definition定义为七个阶段：第一阶段，建议书模型；第二阶段，概念模型；第三阶段，定义模型；第四阶段，设计模型；第五阶段，施工和调试模型；第六阶段，移交和收尾；第七阶段，运维模型。

（二）Autodesk标准

Autodesk公司在《Autodesk BIM实施计划》中，将建模详细程度分为L1、L2、L3和CD四个等级。L1——基本形状，粗略尺寸、形状和方位；L2——模型实体，粗略的尺寸、形状、方位和对象数据；L3——含有丰富信息的模型实体，真实的尺寸、形状和方位；CD——详细的模型实体，最终确定的尺寸、形状和方位。

（三）北京标准

北京市勘察设计和测绘地理信息管理办公室与北京工程勘察设计行业协会于2013年发布了《民用建筑信息模型设计标准》。该标准将BIM模型定义为基于建筑信息模型所产生的数字化建筑模型。BIM模型的信息由几何信息和非几何信息两部分组成。标准中使用的"level of detail of BIM models"（BIM模型深度）术语，即模型中信息的详细程度，包括几何信息深度和非几何信息深度。在实施过程中，BIM模型深度应依据应用需求分专业选择几何和非几何信息深度等级的组合。主要规定如下：

① BIM模型深度应按不同专业划分，包括建筑、结构、机电专业的BIM模型深度。具体包括：

深度等级Ⅰ：大致相当于方案设计阶段所要求的深度。模型构件仅需要表现对应建筑实体的基本形状及总体尺寸，无须表现细节特征及内部组成。构件所包含的信息应包括面积、高度、体积等基本信息，并可加入必要的语义信息。一般用于场地建模或方案设计阶段建模等。

深度等级Ⅱ：大致相当于初步设计阶段所要求的深度。模型构件应表现对应的建筑实体的主要几何特征及关键尺寸，无须表现细节特征、内部构件组成等。构件所包含的信息应包括构件的主要尺寸、安装尺寸、类型、规格及其他关键参数和属性等。一般用于初步设计阶段建模以及施工图设计阶段可直接采购的建筑构件建模等。

深度等级Ⅲ：大致相当于施工图设计阶段所要求的深度。模型构件应表现对应的建筑实体的详细几何特征及精确尺寸，应表现必要的细部特征及内部组成。构件应包含在项目后续阶段（如工程算量、材料统计、造价分析等应用）需要使用的详细信息，包括：构件的规格类型参数、主要技术指标、主要性能参数及技术要求等。

② 分为几何和非几何两个信息维度。每个信息维度分为五个等级区间。

③ BIM模型深度等级可按需要选择不同专业和信息维度的深度等级进行组合。其表达方式为：专业BIM模型深度等级=[GIm，NGIn]，其中GIm是该专业的几何信息深度等级，NGIn是该专业的非几何信息深度等级，m和n的取值区间为[1.0～5.0]。

④ BIM模型深度等级可按需要选择专业BIM模型深度等级进行组合。其表达方式为：BIM模型深度等级={专业BIM模型深度等级}。

由于BIM的应用特征，该标准的模型深度与现行的《建筑工程设计文件编制深度规定》中的设计阶段深度无法一一对应，目前在BIM实施中宜根据不同设计阶段的应用点，从专业模型深度等级表中选择不同的等级组合。例如，方案设计阶段模型深度可表示为{建筑专业[GI1.0，NGI1.0]}，初步设计阶段模型深度可表示为{建筑专业[GI2.0，NGI2.0]、结构专业[GI1.5，NGI1.0]、机电专业[GI1.5，NGI1.0]}，施工图设计阶段模型深度可表示为{建筑专业[GI3.0，NGI3.0]、结构专业[GI2.0，NGI2.0]、机电专业[GI2.0，NGI2.0]}。

从表面上看，北京标准称为BIM模型深度等级，但其实质既不是英国PAS1192-2：2013的项目模型深度等级，也不是美国BIMForum的模型构件深度等级，而是专业模型深度要求。

（四）比较

表3-6比较了中、英、美三国关于BIM模型/构件等级的分类系统。

表3-6　中英美三国BIM模型/构件等级分类系统比较

国家	机构	LOD概念	项目全模型	专业全模型	模型构件	几何信息	非几何信息
美国	BIMForum	Level of Development			√	√	√
美国	VICO	Level of Detail	√		√	√	√
英国	BSI	Level of Detail	√			√	√
中国	北京	Level of Detail		√	√	√	√

通过上述比较，可以得出以下结果：LOD缩写既可能是Level of Detail，也可能是Level of Development。无论是Level of Detail还是Level of Development，都可能同时包括几何信息和非几何信息。在美国BIMForum 2013语义下，LOD仅指模型构件等级。在英国BSI标准语义下，LOD仅指项目全模型等级。在北京标准语义下，LOD通常指的是专业模型等级（也可以细化到模型构件等级）。因此，在提及LOD等级的时候，需要注意两个问题：你依据的是哪个LOD技术规格书，以及精确的表述应该是项目全模型等级、专业模型等级还是模型构件等级。

第四章 建筑业信息化概述

第一节 建筑业的内涵

一、建筑业的概念

"建筑"一词是一个外延广泛的概念。一般而言,"建筑"在学科划分上有广义和狭义之分:广义的建筑包括房屋建筑和土木工程,而狭义的建筑则专指房屋建筑。

因此,从广义的概念出发,房屋建筑物以外的土木工程也是建筑工程,建筑业也就是一个以房屋建筑和构筑物等建筑产品为生产对象的行业,其专业范围涉及建筑、土木、机械、设备、工程施工与安装、勘察设计、构配件生产、中介服务等领域。而狭义的概念则从行业特性和统计分类角度出发,将建筑业划定为从事建筑产品生产活动的产业部门,属于第二产业。

根据我国的《国民经济行业分类》标准GB/T 4754—2011,建筑业作为20个门类之一,由"房屋建筑业""土木工程建筑业""建筑安装业""建筑装饰和其他建筑业"四个大类组成(见表4-1)。

表4-1 建筑业的行业分类

分类	具体含义
房屋建筑业	指房屋主体工程的施工活动;不包括主体工程施工前的工程准备活动
土木工程建筑业	指土木工程主体的施工活动;不包括施工前的工程准备活动。其中包括:① 铁路、道路、隧道和桥梁工程建筑;② 水利和内河港口工程建筑;③ 海洋工程建筑(海上工程、海底工程、近海工程建筑活动,不含港口工程建筑活动);④ 工矿工程建筑(除厂房外的矿山和工厂生产设施、设备的施工和安装);⑤ 架线和管道工程建筑(建筑物外的架线、管道和设备施工活动);⑥ 其他土木工程建筑
建筑安装业	指建筑物主体工程竣工后,建筑物内各种设备的安装活动,以及施工中的线路敷设和管道安装活动;不包括工程收尾的装饰,如墙面、地板、天花板、门窗等处理活动。其中包括:① 电气安装;② 管道和设备安装;③ 其他建筑安装业

续表

分类	具体含义
建筑装饰业和 其他建筑业	建筑装饰业：指建筑工程后期的装饰、装修和清理活动，以及对居室的装修活动。其他建筑业： ① 工程准备活动：房屋、土木工程建筑施工前的准备活动； ② 提供施工设备服务：为建筑工程提供配有操作人员的施工设备的服务； ③ 其他未列明建筑业：上述未列明的其他工程建筑活动

相比之下，"广义建筑业"还涉及与建筑业有关的服务活动，其范畴包括从事建筑产品生产（包括勘察、设计、建筑材料、半成品和成品的生产、施工及安装）、维修和管理的机构，以及相关的教学、咨询、科研、行业组织等机构。

二、建筑业的特点

建筑业是国民经济的重要支柱产业之一，它与整个国家经济的发展、人民生活的改善有着密切的关系。建筑业的特点主要由建筑产品特点和建筑业产业特点决定。

（一）建筑产品的特点

建筑产品具有体积庞大、复杂多样、整体难分、不易移动等特点，从而使建筑生产除了具有一般工业生产的基本特征外，还具有以下主要特点。

1. 建筑产品的固定性和生产的流动性

（1）建筑产品的固定性

建筑业建造的产品主要包括房屋、建筑物、桥梁、道路、码头和设备的安装等，很多涉及国家基础建设项目和国计民生工程。这些工程通常为不动产，每项建筑产品都有其特定的用途和建设要求，建筑产品无论它的用途如何，从建成到使用寿命终结，始终是与土地相连的，通常固定在一个地方不动。建筑产品在生产过程和使用过程的不动性，也就决定了施工企业的流动性生产和分散式经营管理。

（2）建筑生产的流动性

首先建筑产品与土地相连固定不动，建成后也不能随产品销售进行空间转移，建筑产品的固定性导致生产活动的流动性，施工设备、作业人员围绕不同的建设地点不断转移。其次建筑业生产产品的特殊性，要求必须在现场完成施工，才能最终完成产品的设计要求。这就要求建筑业的机构、物资、设备部门，在建筑施工过程中随施工人员和各种机械、电气设备施工部位的不同沿着施工对象流动，不断转移操作场所。

2. 建筑产品的风险性

建筑产品一般是室外作业，导致工作条件千变万化，即使同一张图纸，因地质、气象、水温等条件不同，所生产的产品也会有很大的区别。加之作业时间长，隐蔽性工程多，施工过程中不确定自然因素非常多，如地震、洪水、飓风、滑坡、溶洞地质等，都会给建筑业带来不可预知的风险。其次是来自社会上的风险，建筑业外埠施工项目，当地组工现象普遍存在，如果承揽工程施工队伍的施工水平不过硬，容易影响到工程建设质量，造成各种索赔，遭受不必要的损失。

3．建筑产品的个体性和生产的单件性

建筑产品因地理环境的客观条件和功能要求的不同，从内容到形式都要进行单体设计，实行单件生产。随着人民生活水平的提高和社会的发展，社会对建筑产品的需求也呈现出更大的差异化和多样性。即使是同一类型工程，或者用同样的设计图纸，最终的建筑产品也因气候、地质、水文、材料和施工工艺等差异而复杂多样。此外，建筑产品的配套性很强，如果工程不配套，即使部分工程竣工也不能投入使用。因此，建筑产品从设计到施工的生产过程具有突出的单件性。

4．建筑产品的庞大体积和生产周期的长期性、生产的间断性

建筑产品的生产周期一般较长，有的建设工程周期甚至长达几十年。由于建筑产品的体积庞大、生产周期长，以及立体交叉施工、露天高空作业等特点，建筑生产一方面需要消耗大量的建筑材料、建设资金和劳动力，另一方面生产的预见性和可控性较差，难以实现均衡生产。

5．建筑产品和生产过程的社会性

建筑产品作为构成社会环境的一个重要组成部分，其外表造型和内部结构的设计受到经济技术条件、自然环境、历史文化和社会习俗等方面的综合影响。建成后的建筑产品是一类特殊的产品，它关系到建筑者和使用者的安全、卫生、城镇规划、道路交通和环境生态保护等各个方面。不仅如此，建筑产品的生产过程也因涉及各方的利益而具有较强的社会性。工程项目的建设不但要求施工企业与业主、设计单位和材料供应商等密切配合，而且还要与市政管理机构、公安消防部门、环保部门，以及建设工地周边企业和居民发生经常性关系。

（二）建筑业的产业特性

1．经营管理和生产的复杂性

由于没有稳定的生产对象和生产条件，建筑行业具有管理制度和机构多变、从业人员流动、作业条件差等特点。建筑业企业要根据各项工程的具体情况组织施工生产，大大增加了经营管理的复杂性和难度。而且建筑施工主要在露天作业，施工环境存在一定的危险性，如防护不当经常会造成人员伤亡，而施工场所的分散也增加了安全管理方面的风险和难度。此外，由于建设工程项目周期较长，在项目施工过程中，容易受到各种不确定因素或事先不可预见因素的影响，比如气候变化、建设用地征地拆迁受阻、工程进度款不到位等，从而导致工程项目不能如期完成或增加施工成本。

另外，由于建筑产品复杂多样、体积庞大、社会性强、生产地点分散，要求建筑业企业应具备综合技术能力和协作生产能力。在工程建设过程中涉及的部门多，除经常要与建设单位（业主）、勘察设计单位、监理单位、供应商（材料和设备）等打交道之外，而且还要与市政管理机构、工程质量和安全监督机构等政府有关部门发生联系。生产关系和产业组织的复杂化要求建筑业企业必须具有协调各方关系的能力。

2. 建筑市场的地区性和地方保护

由于建筑产品的固定性和需求的多样性，使得建筑市场具有十分明显的地区性。建筑产品的投资生产过程与当地的社会经济各部门有着密切的联系，当地的施工企业在承担建设任务上拥有一定的竞争优势，导致建筑生产具有很强的地方性。特别是在市政工程等基础设施建设方面，由于公共产品缺乏流通性和替代性，并受到国家政策和政府机构的严格控制，其市场准入和产品生产容易受到地方保护主义的影响，难以完全做到市场化。

建筑业固有的地区性和建筑市场的地方保护，为建筑业企业开拓跨地区业务和提高建筑市场的市场化程度增加了难度。建筑市场的地域分割现象在市场经济体制不够完善的发展中国家尤其严重。但即使在发达国家，建筑市场也是政府经常介入的领域，公共工程建设项目的地方保护和滥用职权干预工程发包和承包的问题依然存在。

3. 建筑产业生产形式的特殊性

建筑业企业不像工业企业那样能够自主地组织生产，而是根据用户需求，主要以承包和发包方式来组织生产。建筑产品复杂多样且配套性强，每项建筑工程都是各种专业工程的综合体，而一般情况下单个建筑业企业很难配备所有专业的机械设备和劳动力。因此，层层分包制是建筑业所特有的生产形式，总承包企业在承包工程后，通常是将工程中的特定内容分包给专业工程承包企业。由此，总承包企业可以有效地减少因收集市场信息、指导现场施工等而产生的交易费用，同时，各级专业分包企业也可以享受分工协作带来的规模效益。所以，专业化施工和协作生产体系是建筑业发挥分包制优越性的关键所在。建筑生产一方面要合理地进行专业分工，另一方面要根据建筑产品社会化大生产的需求实行协作生产。

4. 行业整体发展的波动性

建筑业是国民经济的重要支柱产业之一，它与整个国家经济的发展、人民生活的改善有着密切的关系。在基础设施建设和城市化建设力度不断加大的推动下，我国建筑业保持良好的增长势头，经济效益持续提高，对国民经济增长的贡献较大。

建筑业的生产任务主要来源于全社会固定资产投资，即基本建设投资。也就是说，建筑生产的规模在很大程度上取决于国民经济发展对增加固定资产的需要，特别是基础设施规模、房地产业的发展及城市化进展等因素。正是因为建筑业与整个国家的经济建设和社会发展密切相关，在它的发展过程中存在许多不可预见的波动因素，从而使得行业发展产生较大的波动。所以，建筑业也可以说是比较典型的产业政策导向型行业，受国家发展规划、宏观经济调控以及产业结构调整等政策的直接影响。

第二节　建筑业信息化的内涵

一、建筑业信息化的概念

工程项目是一个复杂、综合的经营活动，其生命周期从规划、勘测、设计、施工，到使用、管理、维护等阶段，时间周期长达数年甚至几十年，其间参与者涉及众多部门和专业。确保信息在建设项目生命周期内实现共享和充分利用，已成为使用者、建造者、投资者以及管理者的共识。

因此，建筑业信息化的提出，就是基于这些需求。它充分利用计算机、网络、人工智能等新兴技术手段，充分运用信息技术所带来的巨大生产力，优化建筑过程，提高建筑业的生产效率，提升建筑业自身的信息化应用水平和管理水平。

21世纪是一个以数字化、信息化网络为特征的时代。信息对经济增长起着决定性的作用，信息资源已成为经济发展的战略性资源，而信息时代的到来无疑会把建筑市场置于其中。近年来，国际上越来越多的国家和地区正在逐步加强信息技术在建筑领域的开发和应用。因此，为贯彻落实《中共中央、国务院关于进一步加强城市规划建设管理工作的若干意见》及《国家信息化发展战略纲要》，进一步提升建筑业信息化水平，我国住房和城乡建设部下发了《2016—2020年建筑业信息化发展纲要》（以下简称《纲要》）。《纲要》中指出，建筑业信息化是建筑业发展战略的重要组成部分，也是建筑业转变发展方式、提质增效、节能减排的必然要求，对建筑业绿色发展、提高人民生活品质具有重要意义。同时，《纲要》旨在增强和优化建筑业信息化发展能力，加快推动信息技术与建筑工程管理发展的深度融合。

二、建筑业信息化的发展

自1995年建设部实施"金建"工程以来，我国正式启动中国建筑业信息化方面的研究与实践工作。在国家"大力推进信息化"基本方针的指引下，2004年7月，科学技术部确立"建筑业信息化关键技术研究与应用"为国家"十一五"科技支撑重点项目，组织了一大批相关领域的专家学者攻克关系到建筑业信息化进程的关键原理、管理方法和核心技术，进而推动建筑业走向信息化发展的道路。住房和城乡建设部先后发布了《2003—2008年全国建筑业信息化发展规划纲要》《2011—2015年建筑业信息化发展纲要》《2016—2020年建筑业信息化发展纲要》等纲领性文件。

建筑业从"手工、自动化"逐渐向"信息化、网络化"发展，2000年的"甩图板"运动使得计算机辅助设计（CAD）技术实现了从手工到自动化绘图及计算的变革，2008年建设项目开始应用BIM技术，开启了我国从自动化到信息化的转变。目前我国正处于BIM技术的推广应用阶段，即从自动化朝信息化转变的阶段。

《2011—2015年建筑业信息化发展纲要》明确提出当前建筑业信息化的总体目标："基本实现建筑企业信息系统的普遍应用，加快建筑信息模型（BIM）、基于网络的协同工作等信息技术在工程中的应用，推动信息化标准建设"，这说明现阶段的建筑信息化进入了主要以BIM技术推动的发展阶段。

《2016—2020年建筑业信息化发展纲要》提出建筑企业应积极探索"互联网+"形势下管理、生产的新模式，深入研究BIM、物联网等技术的创新应用，创新商业模式，增强核心竞争力，实现跨越式发展。同时，应积极增强建筑业信息化发展能力，优化建筑业信息化发展环境，加快推动信息技术与建筑业发展深度融合，充分发挥信息化的引领和支撑作用，塑造建筑业新业态。主要任务包括企业管理信息化、行业监管信息化、咨询服务信息化、专项信息技术标准化等。从中可以看出，《纲要》将BIM技术上升到国家发展战略层面，对于加强BIM技术深化和推广工作具有重要意义。

随着北京、上海、广州等一线城市陆续颁布地方级的BIM政策与标准，BIM技术应用市场需求已经呈现井喷现象。然而，缺乏有经验的从业者已经成为建筑业、信息技术业通往BIM时代的主要瓶颈，BIM的广泛采用需要大范围地提升从业人员的新技能。BIM人才的培养已经成为国家信息技术产业、建筑产业发展的强有力支撑和重要条件之一，而建筑业的社会效益、经济效益取决于BIM技术水平的高低。

三、建筑业信息化的内容

建筑业信息化是建筑业发展战略的重要组成部分，也是建筑业转变发展方式、提质增效、节能减排的必然要求，对建筑业绿色发展、提高人民生活品质具有重要意义。主要内容包括以下四个方面。

（一）企业信息化

建筑企业应积极探索"互联网+"形势下管理、生产的新模式，深入研究BIM、物联网等技术的创新应用，创新商业模式，增强核心竞争力，实现跨越式发展。对此，对以下三类企业提出明确要求。

1. 勘察设计类企业

（1）推进信息技术与企业管理深度融合

进一步完善并集成企业运营管理信息系统、生产经营管理信息系统，实现企业管理信息系统的升级换代。深度融合BIM、大数据、智能化、移动通信、云计算等信息技术，实现BIM与企业管理信息系统的一体化应用，促进企业设计水平和管理水平的提高。

（2）加快BIM普及应用，实现勘察设计技术升级

在工程项目勘察中，推进基于BIM的数值模拟、空间分析和可视化表达，研究构建支持异构数据和多种采集方式的工程勘察信息数据库，实现工程勘察信息的有效传递和共享。在工程项目策划、规划及监测中，集成应用BIM、GIS、物联网等技术，对相关方案及结果进行模拟分析及可视化展示。在工程项目设计中，普及应用BIM进行设计方案的性能和功能模拟分析、优化、绘图、审查，以及成果交付和可视化沟通，提高设计质量。

推广基于BIM的协同设计，开展多专业间的数据共享和协同，优化设计流程，提高设计质量和效率。研究开发基于BIM的集成设计系统及协同工作系统，实现建筑、结构、水暖电等专业的信息集成与共享。

（3）强化企业知识管理，支撑智慧企业建设

研究改进勘察设计信息资源的获取和表达方式，探索知识管理和发展模式，建立勘察设计知识管理信息系统。不断开发勘察设计信息资源，完善知识库，实现知识的共享，充分挖掘和利用知识的价值，支撑智慧企业建设。

2．施工类企业

（1）加强信息化基础设施建设

建立满足企业多层级管理需求的数据中心，可采用私有云、公有云或混合云等方式。在施工现场建设互联网基础设施，广泛使用无线网络及移动终端，实现项目现场与企业管理的互联互通，强化信息安全，完善信息化运维管理体系，保障设施及系统稳定可靠运行。

（2）推进管理信息系统升级换代

普及项目管理信息系统，开展施工阶段的BIM基础应用。有条件的企业应研究BIM应用条件下的施工管理模式和协同工作机制，建立基于BIM的项目管理信息系统。

推进企业管理信息系统建设，完善并集成项目管理、人力资源管理、财务资金管理、劳务管理、物资材料管理等信息系统，实现企业管理与主营业务的信息化。有条件的企业应推进企业管理信息系统中项目业务管理和财务管理的深度集成，实现业务财务管理一体化。推动基于移动通信、互联网的施工阶段多参与方协同工作系统的应用，实现企业与项目其他参与方的信息沟通和数据共享。注重推进企业知识管理信息系统、商业智能和决策支持系统的应用，有条件的企业应探索大数据技术的集成应用，支撑智慧企业建设。

（3）拓展管理信息系统新功能

研究建立风险管理信息系统，提高企业风险管控能力。建立并完善电子商务系统，或利用第三方电子商务系统，开展物资设备采购和劳务分包，降低成本。开展BIM与物联网、云计算、3S等技术在施工过程中的集成应用研究，建立施工现场管理信息系统，创新施工管理模式和手段。

3．工程总承包类企业

（1）优化工程总承包项目信息化管理，提升集成应用水平

进一步优化工程总承包项目管理组织架构、工作流程及信息流，持续完善项目资源分解结构和编码体系。深化应用估算、投标报价、费用控制及计划进度控制等信息系统，逐步建立适应国际工程的估算、报价、费用及进度管控体系。继续完善商务管理、资金管理、财务管理、风险管理及电子商务等信息系统，提升成本管理和风险管控水平。利用新技术提升并深化应用项目管理信息系统，实现设计管理、采购管理、施工管理、企业管理等信息系统的集成及应用。

探索PPP（政府和社会资本合作）等工程总承包项目的信息化管理模式，研究建立相应的管理信息系统。

（2）推进"互联网+"协同工作模式，实现全过程信息化

研究"互联网+"环境下的工程总承包项目多参与方协同工作模式，建立并应用基于互联网的协同工作系统，实现工程项目多参与方之间的高效协同与信息共享。研究制定工程总承包项目基于BIM的多参与方成果交付标准，实现从设计、施工到运行维护阶段的数字化交付和全生命周期信息共享。

（二）行业监管与服务信息化

积极探索"互联网+"形势下建筑行业格局和资源整合的新模式，促进建筑业行业新业态，支持"互联网+"形势下企业创新发展。

1．建筑市场监管

（1）深化行业诚信管理信息化

研究建立基于互联网的建筑企业、从业人员基本信息及诚信信息的共享模式与方法。完善行业诚信管理信息系统，实现企业、从业人员诚信信息和项目信息的集成化信息服务。

（2）加强电子招投标的应用

应用大数据技术识别围标、串标等不规范行为，保障招投标过程的公正、公平。

（3）推进信息技术在劳务实名制管理中的应用

应用物联网、大数据和基于位置的服务（LBS）等技术建立全国建筑工人信息管理平台，并与诚信管理信息系统进行对接，实现深层次的劳务人员信息共享。推进人脸识别、指纹识别、虹膜识别等技术在工程现场劳务人员管理中的应用，与工程现场劳务人员安全、职业健康、培训等信息联动。

2．工程建设监管

（1）建立完善的数字化成果交付体系

建立设计成果数字化交付、审查及存档系统，推进基于二维图的、探索基于BIM的数字化成果交付、审查和存档管理。开展白图代蓝图和数字化审图试点、示范工作。完善工程竣工备案管理信息系统，探索基于BIM的工程竣工备案模式。

67

（2）加强信息技术在工程质量安全管理中的应用

构建基于BIM、大数据、智能化、移动通信、云计算等技术的工程质量、安全监管模式与机制。建立完善工程项目质量监管信息系统，对工程实体质量和工程建设、勘察、设计、施工、监理和质量检测单位的质量行为监管信息进行采集，实现工程竣工验收备案、建筑工程五方责任主体项目负责人等信息共享，保障数据可追溯，提高工程质量监管水平。建立完善的建筑施工安全监管信息系统，对工程现场人员、机械设备、临时设施等安全信息进行采集和汇总分析，实现施工企业、人员、项目等安全监管信息互联共享，提高施工安全监管水平。

（3）推进信息技术在工程现场环境、能耗监测和建筑垃圾管理中的应用

研究探索基于物联网、大数据等技术的环境、能耗监测模式，探索建立环境、能耗分析的动态监控系统，实现对工程现场空气、粉尘、用水、用电等的实时监测。建立建筑垃圾综合管理信息系统，实现项目建筑垃圾的申报、识别、计量、跟踪、结算等数据的实时监控，提升绿色建造水平。

3. 重点工程信息化

大力推进BIM、GIS等技术在综合管廊建设中的应用，建立综合管廊集成管理信息系统，逐步形成智能化城市综合管廊运营服务能力。在海绵城市建设中积极应用BIM、虚拟现实等技术开展规划、设计，探索基于云计算、大数据等的运营管理，并示范应用。加快BIM技术在城市轨道交通工程设计、施工中的应用，推动各参建方共享多维建筑信息模型进行工程管理。在"一带一路"重点工程中应用BIM进行建设，探索云计算、大数据、GIS等技术的应用。

4. 建筑产业现代化

加强信息技术在装配式建筑中的应用，推进基于BIM的建筑工程设计、生产、运输、装配及全生命期管理，促进工业化建造。建立基于BIM、物联网等技术的云服务平台，实现产业链各参与方之间在各阶段、各环节的协同工作。

5. 行业信息共享与服务

研究建立工程建设信息公开系统，为行业和公众提供地质勘察、环境及能耗监测等信息服务，提高行业公共信息利用水平。建立完善工程项目数字化档案管理信息系统，转变档案管理服务模式，推进可公开的档案信息共享。

（三）专项信息技术应用

① 大数据技术。研究建立建筑业大数据应用框架，统筹政务数据资源和社会数据资源，建设大数据应用系统，推进公共数据资源向社会开放。汇聚整合和分析建筑企业、项目、从业人员和信用信息等相关大数据，探索大数据在建筑业的创新应用，推进数据资产管理，充分利用大数据价值。建立安全保障体系，规范大数据采集、传输、存储、应用等各环节安全保障措施。

② 云计算技术。积极利用云计算技术改造提升现有电子政务信息系统、企业信

息系统及软硬件资源，降低信息化成本。挖掘云计算技术在工程建设管理及设施运行监控等方面的应用潜力。

③ 物联网技术。结合建筑业发展需求，加强低成本、低功耗、智能化传感器及相关设备的研发，实现物联网核心芯片、仪器仪表、配套软件等在建筑业中的集成应用。开展传感器、高速移动通信、无线射频、近场通信及二维码识别等物联网技术与工程项目管理信息系统的集成应用研究，开展示范应用。

④ 3D打印技术。积极开展建筑业3D打印设备及材料的研究。结合BIM技术应用，探索3D打印技术运用于建筑部品、构件生产的模式，开展示范应用。

⑤ 智能化技术。开展智能机器人、智能穿戴设备、手持智能终端设备、智能监测设备、3D扫描等设备在施工过程中的应用研究，提升施工质量和效率，降低安全风险。探索智能化技术与大数据、移动通信、云计算、物联网等信息技术在建筑业中的集成应用，促进智慧建造和智慧企业发展。

（四）信息化标准

强化建筑行业信息化标准顶层设计，继续完善建筑业行业与企业信息化标准体系，结合BIM等新技术应用，重点完善建筑工程勘察设计、施工、运维全生命期的信息化标准体系，为信息资源共享和深度挖掘奠定基础。

加快相关信息化标准的编制，重点编制和完善建筑行业及企业信息化相关的编码、数据交换、文档及图档交付等基础数据和通用标准。继续推进BIM技术应用标准的编制工作，结合物联网、云计算、大数据等新技术在建筑行业中的应用，研究制定相关标准。

第五章 我国建筑设计领域BIM技术应用现状及其发展阻碍因素

第一节 引用案例介绍

一、安徽省建筑设计研究院科研生产基地BIM试点项目

该项目位于安徽省合肥市,是集科研设计、办公、地下车库及配套设施为一体的综合性建筑。项目总占地面积12.18亩(1亩=666.67m²),总建筑面积3.5万m²,地下两层,地上17层,建筑总高度74.85m。该项目作为安徽省建筑设计研究院的BIM技术试点项目,由省院的BIM小组全程参与。

该项目作为大型医疗综合体项目,存在建筑功能分区多、结构复杂,各专业间的协调管理要求高,机电工程系统复杂、安装位置狭小,空间管理要求高等项目难点。

在项目实施初期,结合项目难点和BIM技术的特点,安徽省建筑设计研究院进行了BIM实施策划,确定了采用BIM技术的原因和应用目标、BIM准备工作、BIM实施管理体系;在项目前期统一规范,编写了BIM实施标准工作规范、BIM执行策划书、BIM模型构建标准以及BIM模型交付标准。整个BIM设计流程包括了BIM建模、碰撞检测、管线综合、审核、出图等环节。

在整个BIM应用过程中,各专业先依据设计团队给出的二维图纸分专业、分楼层、分系统进行Revit建模,然后通过Revit自带的工作集进行协同作业,最后将各专业的模型重新整合,进行相关的BIM应用,对原有的设计进行相关的优化,并反馈给设计团队。

在对项目建筑进行建筑性能的分析方面,建筑专业在借助Revit Architecture软件建立了建筑模型后,通过软件导出绿色建筑可扩展语言(gbXML)格式的建筑信息模型文件,再导入Ecotect Analysis进行环境分析。项目中建筑材料的材质、颜色和透射性能,对建筑的采光和节能分析有着较大的影响,设计人员依据实际材料的属性对参数设置并进行模拟分析,得出该地区全年气候对总部大楼产生的影响;在与斯维尔绿建系列软件结合后,可完成能耗、采光等相关指标的分析,同时在建筑概

念体量中根据全年的季风大小，进行风洞模拟，初步定论每层区域的通风性能、采光性能等分析结果，这样的指标分析给方案阶段的比选提供了有价值的参考，可辅助暖通设计师调整各楼层新风机摆放位置做详细分析参照。

此外，在本项目中，BIM建筑师针对疏散模拟，采用Pathfinder软件，对紧急状态下人员的逃生情况进行了模拟。软件通过对总部大楼每层人数及位置进行预估，模拟极端环境下整栋楼宇的拥堵情况，对安全通道设计的合理性做出评价，并得出疏散时间，对可能存在的安全问题进行进一步优化设计，并为该项目建立了相应的应急预案。

其他BIM应用点还包括：对建筑净高进行优化，例如在地下室设备运输通道处，设计规范要求走道净高不能低于门高（2.7m），原有设计中实际高度为2.5m，无法满足要求，后与暖通专业协调后，通过优化风管尺寸的方法，将净高控制在2.7m以上，满足了设计要求；对机电进行优化，包括对管道密集处进行碰撞检查、对复杂管道及内管道布置进行优化等。

二、黄冈万达广场项目

黄冈万达广场项目基地位于湖北省黄冈市。项目选址为原黄州三泰棉纺厂，属于新老城区交界处。该项目为多层大型商业综合体，总建筑面积10.12万m²，其中地上建筑面积9.38万m²，地下建筑面积0.74万m²，包含商业购物中心、银行、商铺、运动集合店、宝贝王、次主力店、大玩家、影院、超市及地下设备用房等。

该项目为首个万达BIM总发包试点项目以及黄冈市标杆工程，作为大型商业综合体，专业间交叉较为复杂，各方协同较高。此项目运用了BIM技术进行设计优化、碰撞检查、三维管线综合、可视化技术交底、一键算量、施工进度模拟、云端协同等相关应用，保证业主、设计总包、施工总包、工程监理四方在同一平台上对项目实现"管理前置、协调同步、模式统一"的创新性管理模式。该项目的BIM模型涵盖了土建、机电、智能化、内装导识、景观导识、幕墙泛光、采光顶等专业。

与安徽省建筑设计研究院科研基地项目相比，该项目运用BIM技术的特殊性在于：由于甲方对预算有较高的要求，所以对整个BIM模型的精细程度和建模的深度提出了一定的要求，模型中各个细部节点的构造、各专业设备和具体材料的参数都需要在模型中有所体现。

此外，由于内部功能的需要，黄冈万达广场项目还有部分难度较大的设计部分，包括IMAX影厅、屋面设备层。大面积的设备机房等。影厅部分IMAX的弧形斜墙定位困难，并且内部台阶变化大，需新建砖砌台阶的族。屋面部分摆放的设备数量多，风管出屋面风井处，进出位关系复核量大。

三、BIM项目应用效益

通过对上述两个项目的BIM应用过程回顾，得到了以下几点应用总结。

（一）成本节约

通过BIM技术的应用，可以有效缩短工期，材料损耗低于行业基准值6%~8%，一键算量、5D综合应用等均带来大幅的成本节约。

（二）管理提升

通过建立以BIM模型为中心的项目管理平台，可以有效提高参与各方的沟通效率。

（三）技术提升

充分应用BIM进行施工模拟，可以有效保障项目复杂节点、大型地下功能设备的施工与安装的顺利进行。

（四）社会效益

通过实际项目的应用，进一步扩展了BIM的应用范围，提升了BIM的应用价值，为BIM技术在其他项目中的应用提供了范例。

（五）人才培养

通过实际项目的锻炼，提升了BIM小组成员的实际应用能力，不同专业人员之间进行了有效的磨合，为公司BIM的全面发展奠定了基础。

在获得以上应用效益的同时，在实际运用BIM技术的过程中，也出现了许多应用问题和障碍，以下具体分析在建筑设计阶段，BIM技术在实际运用中所存在的问题。

第二节　BIM在项目启动阶段的应用障碍分析

一、硬件配置要求高

与传统基于CAD二维技术应用不同，BIM是以建筑三维模型为基础的一种技术应用，是对建筑生命周期中所有建筑信息进行创建、应用、传递、管理的一系列过程，BIM技术采用新一代的三维软件平台，对计算机硬件、网络带宽的速度有更高的要求。并且项目模型文件本身所占内存就远远超出传统的二维模式。

以黄冈万达广场项目为例，整体完成后，最终交付的文件仅模型一项就接近5个G，包含1089张图纸，348408个构件。如果再加上项目过程中产生的附属文件，以及最后成果中的文档、视频等其他成果，对硬件的要求会成倍地增长。当前在设计院进行基本BIM工作，需要的计算机配置如表5-1所示。

表5-1　设计院BIM小组计算机配置

	建模人员标准配置	模型整合工作站配置	移动办公配置
操作系统	MicrosoftWindows7SP16 4位、MicrosoftWindowsXPPro-fessional64位（SP2）	MicrosoftWindows7SP16 4位	MicrosoftWindows7SP1 64位、MicrosoftWindowsXPProfe-ssional64位（SP2）
CPU	IntelCorei7-6700四核处理器（4GHz，8MB缓存）或性能相当的AMD处理器	至强四核E5-1620V3	酷睿™i7-6700HQ处理器
内存	16GBRAM，最大32/64GBRAM	16GBRAM以上，最大支持512G	8G，最大支持16GB
视频显示	1680×1050真彩色显示	1920×1200真彩色显示	15.6英寸，17英寸
视频适配器	缓存4GB并支持DirectX®10及ShaderModel的显卡	视频适配器：缓存4GB+并支持DirectX®10及ShaderModel3的显卡	NVIDIA GeForce GTX970M显卡（1GB专用GDDR3显存）
硬盘	1000GB	2000GB	256SSD+500GB
市场参考机	戴尔（DELL）PS8900-R17N8台式主机	戴尔DELL Precision T5810塔式图形工作站	未来人类Terrans Force X411 67SH1 14英寸
参考机价格	¥8999	¥11899	¥9553

从表5-1可以看出，相对于以往的CAD二维制图，BIM技术对硬件的要求很高，单台计算机在9000元人民币左右，设计院硬件配置成本急剧上升。

此外，市场上流行的BIM软件种类众多，不仅包括Revit等主流设计软件，还包括鲁班、广联达、橄榄山等国内软件商开发的相关专业软件，以及各种BIM平台等，这些BIM软件的价格都相当昂贵，对于想要尝试应用BIM技术的设计单位来说，是一项不小的资金投入。

二、BIM小组组建难度高

近年来，随着BIM技术的推广和普及，国内建筑行业展开了BIM技术的研究、开发和应用尝试。设计行业在整个建筑行业中，属于对BIM的应用相对成熟的环节。其中一部分设计院已经从内部开始推广BIM技术，并通过组建BIM小组或者BIM部门进行单个项目的尝试。在此过程中，尚存在一些阻碍和困难。

出于BIM技术本身的技术特点，BIM小组的构成较为复杂，对小组成员的素质和能力要求较高。首先，BIM小组内部所有的成员都必须具备较高的BIM软件应用能力。其次，BIM小组的成员需要具有一定的专业背景和项目经验，并且需要涵盖建筑、结构、暖通、水电、幕墙、建筑概预算等所有专业。最后，在基本人员构成的基础上，还需要一名能够从全局上对项目的流程和相关工作进行整体把控的管理人员。

目前设计院中BIM技术相关人员，根据其工作任务大致可分为以下几类。

（一）BIM建模员

BIM建模员是最基础的BIM工作者，负责模型的建立和一部分设备构件模型库的建构工作。大部分面向刚毕业的学生，其技术能力较为薄弱，流动性大。

（二）BIM技术工程师

BIM技术工程师一般具备几年的BIM相关工作经验，具备较高的BIM软件应用水平，但缺乏相应的专业知识和背景，主要专注BIM的技术前沿性研究、标准制定或技术推广工作。

（三）BIM专业工程师

BIM专业工程师是同时具备相关专业背景的工程师，可能没有很强的技术应用能力，但具备了相关的专业资质。在BIM的未来发展趋势下，这类人员将占有更大的话语权和地位。目前大多数设计院的BIM专业工程师，都是对新技术有较强的学习和接受能力的年轻工程师。

（四）BIM项目经理

此类人员一般负责BIM项目的管理工作，其单专业技术可能不精通，但综合知识储备较强，对于整体的项目流程、技术标准都很熟悉，有较强的协调协作能力。

以安徽省建筑设计研究院科研生产基地BIM试点项目为例。一个项目的BIM小组人员基本配置在15人左右。相对于传统的设计团队来说，人员组成更多，工作划分更细。由于BIM技术在国内发展时间尚短，BIM专业工程师在行业内供不应求，综合素质要求更高的BIM项目经理更是稀缺。故而对大部分设计院来说，一次性引进十多名BIM技术人才的难度相当大，大多数还是采取从现有人员中抽调几名进行培养。这种方式的缺陷在于：一来短期内难有起色，无法进行较为深入的BIM应用；二来此种模式人员培养周期长，最终是否能培养出所需的BIM人才也难以预料，再加上公司的人员流动，容易导致半路夭折。

而在具体薪金方面，一名BIM建模员的年薪在5万元左右；BIM技术工程师年收入在10万元左右；BIM专业工程师市场需求较高，如果有几年工作经验，年薪在15万元以上；BIM项目经理根据所在公司的水平，薪金不等，高的年薪可达30万元以上。BIM技术人员相比设计院其他专业人员来说，薪金整体水平较高。因此，组建BIM小组的人员资金投入较大，人员投入成本较高。

三、对BIM的认识存在误区

如今，业内已经不再讨论是否要采用BIM技术，而是转为如何应用BIM，以及如果顺利转型的问题。设计院在引进BIM技术的时候，其决策者对于BIM技术的认识和定位将直接影响最终成功与否。在应用和推广BIM技术的过程中，常存在以下几种关于BIM的认识误区。

（一）认为BIM是高端技术，只有高科技高难度的建筑适用于BIM

BIM技术作为一项未来"大众"化的设计技术，在国外，已经成为设计师和工程师必备的职业技能。目前国内BIM技术主要用于高难度的建筑项目的原因：一方面是技术的需要，传统的二维设计无法解决设计难题；另一方面，BIM是从生产方式相对成熟和先进的发达国家传播到国内的，目前国内的行业模式和信息化水平还存在差距，对于BIM技术的应用需要循序渐进，前期在没有形成成熟的应用环境的条件下，人员和成本投入较大，就普通建筑而言，传统的设计模式在短时间内还具有自身的优势。实际上，BIM技术适用于所有的建筑。其简单高效、可视化、透明化的特点，尤其适用于定型产品标准化的建立，BIM的可视化可以将建筑建造过程中原本隐蔽的问题凸显出来，从而帮助管理者更为直观地阅读建筑信息，也可以使各专业人员更早地发现和解决问题。

（二）BIM很难掌握

相对于AutoCAD等2D设计软件来说，BIM技术的掌握确实存在一定的难度。BIM设计过程中含有固定的思维逻辑，掌握这些规则可能需要花费一定的时间和精力，但掌握之后，并没有要求设计者有多么高深的专业技巧和软件水平。因此，设计院在应用BIM技术的前期，需要一定的投入，对技术人员提供一定的专业培训和技术支持。

（三）BIM可以快速掌握

与第二点相反，有些人认为BIM只是软件的学习，可以快速掌握。BIM软件商以及类似"三天速成"的教程可能给人以误解，实际上掌握BIM需要的是几个月而不是几周，并且需要一个BIM环境。

（四）应用BIM后设计院的生产效率能有明显的提高

实际上，BIM技术提升的是建筑全生命周期的综合效率，而非单一的设计环节的效率。对设计环节来说，BIM可能反而增加了设计阶段信息量的输入，特别是在应用初期，公司族库还不健全的情况下更是如此，会加大部分设计人员的工作量，但是这会通过专业协作的优势和后期项目变更的减少得到加倍补偿。从长远来看，

BIM的综合效率会使采用BIM技术的设计院具有更大的优势,所以设计院的决策者在看待BIM技术的问题上需要有长远的眼光。

(五)认为单位有一个小组做BIM即可

目前设计院基本都是以组建一个BIM小组的模式涉入BIM技术领域,这在BIM应用的初期是一种行之有效的方法——以部分人员成本的投入,在一定范围内进行BIM技术的初期应用。

这种模式在前期一般采用传统设计与BIM设计相结合的方式,合作模式如图5-1所示,此阶段设计团队采用传统2D设计方式,BIM团队基于其设计成果创建3D BIM模型,然后设计团队与BIM团队合作,基于3D管线模型进行碰撞检查及管道调整,形成最终的交付文件。在整个过程中设计团队还是以原有的方式进行设计,并不需要有BIM应用的基础,通过项目的进展,设计团队可以感受到BIM技术的优势和发展前景,能够对BIM技术的应用有直观的了解,为后续BIM技术的推广奠定基础。

然而这种模式属于过渡性的产品,存在一定的弊端,延长了设计周期,增加了工作量,可以说是在传统设计方式基础上的"再加工",与真正的BIM理念并不相符。

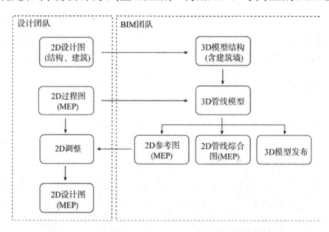

图5-1 设计团队与BIM团队相对独立的协作模式

这种模式的后续发展是对设计人员进行相关的BIM培训,由于之前设计人员在实际项目中与BIM团队有过合作,对BIM技术有过接触,因此可以在短期内"上手",在原BIM小组的帮助下开始BIM设计。而原BIM小组则成为BIM中心,发挥技术支持作用,负责做好所有的周边工作,例如设备的配备、软件的安装和调试、网络设置,以及项目相关的系统模板设置、常用族的开发、BIM服务器的维护、标准定制、协同辅助等。

所以,企业最终需要基于BIM对整体构架进行统一的调整,这样才可以让BIM实现从管理层到应用层的良好贯穿,进一步提高企业的BIM应用水平,最终达到提升企业竞争力的目的。

四、设计人员对BIM技术存在抵触

BIM技术要在建筑设计单位进行有效的推广，离不开作为直接实践者的设计行业工作者们的认可。目前国内的大部分建筑设计工作者对BIM技术还是抱着观望的态度，设计方法转型动力不足，原因有以下几点。

（一）思维定式的转变较为困难

国内设计行业现行的设计模式，经过长期的发展，已经成为一种成熟的模式，积累了丰富的经验，足以应付大部分的设计任务，设计者们还是倾向于用惯用的手法完成所属的工作。

相对于BIM技术来说，CAD的性质依然是通过二维图形诠释三维的形体，与手工制图在本质上没有区别。而BIM技术的应用是从设计工具到设计理念的全方位转变，核心是运用三维建模软件模拟设计和施工的过程。在习惯了传统的通过阅读二维图形思考三维空间的思维模式之后，设计师对这种新的设计方式一时难以接受。

（二）自身利益的考虑

掌握一种新的技术需要时间和精力，BIM技术的学习非一日之工，在这个过程中，设计师所花费的费用、时间和在此过程中隐形的经济损失由谁承担；掌握了BIM技术之后是否能直接提升行业竞争力，相比之下是否在薪金水平上有所提升；在应用BIM技术的前期，就设计阶段来说，由于大量信息需要输入，设计师的工作量相比传统的设计模式来说有大幅的增加，虽然相比之下也提供了更多和更优质的服务，但甲方是否愿意为此埋单，项目设计费是否能等比增长，这些都是设计师在看待BIM技术的时候所要思考的问题。

此外，在应用了BIM技术之后，如果要确保BIM模型的精度，提升建筑性能，那么设计师的责任范围将有所扩大，并且在应用初期，可能会由于对BIM技术的掌握度不够而产生相应的风险，那么对应的法律责任是否由设计者来承担，这也是设计师们所担心的问题。

（三）学习精力有限

目前国内设计行业设计周期短、工作量大，较大的工作压力使得设计师们缺少足够的时间和精力来学习和掌握新的技术。当前BIM技术在国内的应用还不成熟，存在较多的问题和阻碍，设计师们还无法下定决心来投入较多的时间进行深入学习。

五、可能存在的项目风险

对于部分有实力的设计企业来说，可以预见的成本和人员的投入并不是阻碍企业转型的主要问题，部分项目管理者对基于BIM的协同化设计方法存在抵触态度的原因在于，设计手段和管理模式的转变可能会存在较大的项目风险。如下所示。

（一）应用BIM技术工作周期长，可能导致无法按时完成设计

相对于发展成熟的传统二维设计来说，BIM技术的应用会大大增加设计企业的工作量，延长项目周期。目前国内建筑设计市场的情况是，甲方经常要求设计企业在非常短的时间内完成相关设计，如果应用BIM技术，将有较大的可能性导致项目无法按时完成。

（二）设计企业缺少可以借鉴的管理模式

国内目前尚缺少可以借鉴的管理模式，设计企业都尚处于探索阶段，寻求能更好发挥BIM技术优势的新管理模式。在这个转型过程中，必然会存在较大的风险，对企业的项目运营带来影响，这对设计企业来说是一个考验。

逆水行舟，不进则退，在BIM应用的潮流下，风险与机遇并存。想要提高BIM设计的效率，协同化设计是必经之路。在未来，普及基于BIM的协同化设计是大势所趋。管理者应该借鉴设计行业先行者的经验，从试点项目做起，逐步探索前行，最终建立适合于企业自身的BIM设计方法和流程。

第三节　BIM在方案设计阶段的应用障碍分析

一、以BIM为基础的概念设计存在局限性

在传统的设计模式中，项目初期的概念设计主要依赖于首席建筑师的经验和专业技术，通过他们的知识和直觉以及设计团队的反馈来完成。在这一阶段，推敲的快速性和便利性使铅笔成为概念设计的主要工具，徒手绘制的草图成了记录和内部交流的主要方式。

在计算机介入建筑设计之后，一些常用的建模软件，如SketchUp、Rhino等，已经作为概念设计的工具为人们所接受。这些软件都强调快速三维草绘，它们使空间表达和可视化变得容易。因为无须对建筑的对象进行分类，也没有对象类型的相关行为，所以它们的几何操作非常简洁，并可以应用于所有的形体。这些工具支持对象的合理复杂性和快速反馈性，并且通过视觉，用户可以进行直观的评估。这些草绘工具也有接口能耗分析软件的潜力。

围绕SketchUp、Rhino这些建模软件，已经形成的一套成熟的设计模式，被广大建筑师所接受。而一些建筑师之所以质疑BIM相关软件难以支持概念设计，是因为这些软件都过于复杂。现有的BIM设计软件需要一定的适应和学习，带有许多特定的操作，并需要注意依赖项目的行为，其操作的过程和用户界面的认知过于复杂，

阻碍了"推敲的创造性"。SketchUp的操作界面简洁明了，方便的推拉功能避免了复杂的三维建模，设计师可以在短期内快速地掌握软件操作。而Revit操作界面复杂，模型的建立需要进行参数化的设定。

提供BIM平台的公司亦知道工具的局限性，因此提供了与市面上可完成草绘功能的概念设计软件连接的接口。一方面，SketchUp和Rhino的一些导出格式可以被BIM平台所读取，其几何结构可以作为背景被再创造；另一方面，BIM软件开发商也开发了一些概念设计阶段的推敲工具，以填补BIM在自由形体方面的缺陷。

国内大部分设计院都以SketchUp为核心、CAD为辅助进行方案设计的推敲，此种模式已经成为定式。然而SketchUp与常用的BIM软件Revit之间，模型数据的转换非常烦琐，难以满足实际应用的需求。

SketchUp的体量模型导入Revit有两种方式：第一种方式是通过SKP格式导入。SKP格式导入Revit后整体为不可编辑模式，需要在体量编辑模式下导入，这种方式只适合于最简单的几何体量，否则Revit软件无法打开。第二种方式是先导出为dwg格式，再导入Revit。转换过后的dwg格式文件也需要导入体量编辑中，否则无法编辑。导入Revit后，模型会改变为自身可拾取的"体量"模型，在"体量"编辑的模式下，可以对模型的属性进行进一步的编辑。

总体来说，两种导入模式，皆存在转换步骤较多、操作繁杂、耗时耗力的问题。

二、相关分析软件与BIM软件缺少简单有效的接口

目前进行模拟分析的常用软件众多，但没有一款能够提供全面的分析功能，且现有的工作流程较为粗糙，需要严格的建模标准，否则会导致模型的重复构建，很少有软件可以简单而有效地与现有的BIM软件接口。

现在常用的方式是从Revit导出到IES和Ecotect进行分析，针对Ecotect和IES分析对空间封闭性要求严格的问题，在导入之前，需要对Revit文件进行调整。Revit模型中，通过"房间"工具可以实现封闭的空间，因此，在导出之前，需要将所有空间中加入"房间"属性，并且房间的高度要覆盖当前的层高。并且，在Revit模型中，需要忽略和墙体连接的所有结构柱，并将墙体连接完整，从而减少异形空间，使分析模型的完整度提升。即使这样，Ecotect和IES也极易报错。此外，软件之间的版本转换也存在一定问题。

第四节　BIM在方案深化阶段的应用障碍分析

一、模型深化阶段对专业素养要求高

在传统的工作流程中，设计单位所出的图纸是通过CAD及相关软件出的二维蓝

图，其中并不需要对施工技术进行很详尽的描述，在遇到需要对细部节点和施工工艺进行标注的地方，可以通过引用现有国标、图集和规定的方式，就可以满足出图的要求。图纸对施工单位来说起的是指导性的作用，在实际的施工过程中施工单位可以根据现场实际情况，通过变更的方式采取合理的施工技术。而引用了BIM技术之后，最终设计的成果包括含有建筑相关信息的三维BIM模型，所有的建筑构件都被清晰地表达，由于BIM带有参数化的属性，其建筑材料、施工工艺等都包含其中。目前BIM建模工作主要是由设计单位来进行，这对设计师的专业素养就提出了非常高的要求。

以最简单的墙体为例，国内常用的天正软件对墙体的编辑非常简单，只需选择墙体的材质范围和墙体表面距离墙体中心线的距离即可，其他面层和墙体的材质在设计说明中标注即可。

而Revit模型中对墙体的编辑需要输入大量的参数信息，包括厚度、材质、色彩等，此外，墙体面层的施工做法也需要一一注明。

相比较传统的设计模式，采用了BIM技术后对设计师提出了更高的要求，如果设计师对施工技术了解不足，就会出现设计提出的要求在实际施工中难以达到的情况，那么BIM模型就难以满足现场指导施工的需求。

同时还可以看出，由于大量的信息需要输入模型之中，同时三维模型相对于二维图纸来说多了一个维度，因此BIM模型深化过程中的工作量也大于传统二维模式下的图纸深化的工作量。例如二维图纸中一个花坛的表达只有其平面的样式和单一的剖面，在对应的地方标注出材质即可。而BIM模型由于花坛周围存在高度差，四周挡墙的高度并不一致，为了满足挡墙上檐与地面铺装面层的间距为定值，每个花坛挡墙均需要单独放坡绘制。

此外，传统的设计模式中，设计师在遇到设计图纸中不能完全表达清楚的细部节点和构造的时候，可以参考相关的图集，或者直接通过引用图集的方式加以解决。而BIM建模中并没有图集可以引用，必须依靠设计师自行建立相应的模型文件。

二、BIM软件国内化程度低

目前国内应用的主要BIM建模软件都是由国外公司开发和设计的，一些内部设置和操作模式与国内的建筑行业标准和绘图习惯有较大的差异。并且这些软件设计理念所处的行业背景也与国内建筑行业的环境有所区别，这就需要设计人员学习和接受新的建模思维。

BIM建模软件中引入了族的概念，BIM模型的建立对族库的深度要求很高，然而BIM软件本身自带的族库很薄弱。国外BIM技术发展相对成熟，并且整个建筑行业市场化、专业化、标准化、规范化程度高，国外的设备厂商会直接提供产品的族文件。而国内的设备厂商目前还尚未像国外厂商一样，这就使得设计企业需建立自己的项目族库，制作大量符合国内设计标准同时适合企业做法的通用族，否则会大大影响项目建模的效率和精确性。例如各种门窗构件、变截面梁等结构构件、风机盘管、管道连接件等。黄冈万达广场项目中，新增构件数达750个，设计师投入了较大的时间和精力。

此外，传统的二维设计软件CAD、天正等以及SketchUP都运用了图层的概念，使用者可以根据自己的需要，将图纸划分为多个图层，以方便图形的绘制和修改。而BIM软件中没有图层这一设置，而是按照模型的类别进行划分，例如墙、屋顶、结构柱、风管等，使用者可以在属性栏中的可见性里，选择想要显示或者隐藏的构件类别。习惯图层编辑的设计师们，需要花费时间来适应新的建模规则。

在实际BIM建模的过程中，由于BIM主流软件都由国外软件商开发，软件开发者参考的是国外的设计标准与规范。在Revit Architecture当中，本地化族库中官方提供了一个可供参考的中国样板文件，该文件设置了项目单位、对象样式、填充样式、尺寸标注样式、文字标注样式、剖面标头、引线箭头等各种常用设置与注释标记，期望最大限度地来满足我国现行的建筑制图标准，但是在实际的操作过程中还是具有一定的差异，国内设计师还是会遇到一些由于中西方行业标准不同而产生的问题。

三、缺乏相关的技术标准和规范

BIM技术作为建筑行业信息化建设的重中之重，受到国内整个建筑行业的广泛重视。住建部和地方政府相继发布了推广BIM技术的文件，提出了一系列BIM技术的发展目标和总体要求。但是截止到目前，国内的BIM应用标准尚在建立之中，只有当一系列完善的、具有权威性的、适用于行业发展的应用标准出台以后，才能对BIM数据的交付与交换、编码与储存等进行有效的规范。目前发布的自2017年7月1日开始实施的《建筑信息模型应用统一标准》（GB/T 51212—2016）并非强制性的标准，并且只规定了国内BIM标准体系的核心原则，没有规定具体的细节。

此外，国内设计院的交付成果依然是二维图纸，需要符合国家的二维制图规范和标准，图纸的校审和归档也依然是传统的模式。BIM作为一项三维设计的技术，其本身遵循的是以三维数据为主、二维图形为辅的逻辑，如果生搬硬套二维制图的规范必然会存在问题。目前国内的BIM技术应用的现状是设计院建完Revit模型之后，提交的成果还是以二维图纸为主，辅以三维模型。这种出图方式无法体现出BIM技术的优越性，并且就二维设计来说，当然还是CAD效率高。所以在未来的发展中，需要改变现有的二维出图标准，摒弃不必要的二维标注化表达方式，为BIM技术量身定做一套以三维模型为核心的出图标准和规范，二维图纸将直接从Revit模型中导出。

四、用户协作存在挑战

促进多个设计专业之间的协作乃至各参与方之间的协作是BIM技术的优势之一，而从目前国内建筑行业的管理模式和工作模式来看，这方面还难以达到BIM技术的要求。

当前国内BIM技术在设计院的应用中，大部分还是以辅助设计的方式存在，在这种BIM小组辅助设计团队进行设计检测和完善的模式下，设计团队还是以传统的工作方式进行设计，没有发挥BIM技术的专业协同作用。并且现有的设计院组织构架也不适合BIM技术的应用，举例来说，国内设计院存在将水、电、暖通的人员独立出来，组建专门的设备所的情况，这种方式会阻碍各专业人员之间的沟通与协调。BIM技术虽然提供了一个可以让各个专业人员共同协作的平台，但在实际操作中，专业人员对BIM模型的探讨和推敲要达成一致还需要多方面的沟通，公司应建立相应的企业组织构架。

第五节 设计方与项目各参与方之间的BIM应用障碍分析

国内传统的项目管理模式为设计—招标—施工（DBB）模式，其优势在于：一方面存在更多的竞争者，业主可以实现可能的最低价格；另一方面，业主在选择承包商时行政压力较小。在DBB模式中，业主在招标之前，先聘请设计单位来完成概念设计、设计发展和合同文本，最终的文本必须符合规划以及当地建筑和区域规范的要求，然后再进行承包商投标。（见图5-2）

这种模式对使用BIM技术提出了最大的挑战，因为承包商不参与设计阶段，各参与方在设计初期无法使用BIM技术进行合作，虽然也同样能从BIM技术运用中获得利益，但可能仅是局部利益。此外，由于建筑行业的碎片化，设计单位与各参与方之间缺乏沟通与交流，在实际运用BIM技术的过程中，需要更加集成和整合好的工作流程和管理模式。

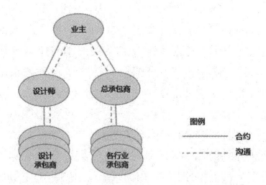

图5-2 设计—招标—施工（DBB）构架示意

一、设计方与业主之间的BIM应用障碍

目前对BIM技术运用主要由设计单位牵头，许多业主单位应用BIM是为了响应国家的政策，其本身对BIM技术并没有深入的了解。其中一部分业主仅仅将BIM技术视为CAD软件的替代，或是将BIM技术看成三维设计软件。这就导致了两种观点：第一种认为没有应用BIM技术的必要，因为现有的二维设计已经达到了行业的需求；另一种将BIM技术简单地视为设计工具的更新，属于设计院自己的事情，跟业主无关。从而导致在BIM技术增加的额外费用问题上，存在分歧。事实上，业主可以通过BIM技术的应用，来提高建筑的性能和质量、获得更早和更可靠的成本预算、减少建设成本、加快工程进度等，其收益远远大于在设计阶段的额外成本。这要求业主必须意识到这些利益与BIM有关，需要对BIM有足够的认识和长远的眼光。

国内现行的体制下，在整个项目的建设过程中，设计方更多处于被动服务的状态，无法发挥其技术控制的主导作用。目前的情况是，设计方定下的方案经常被甲方反复修改，以BIM模型的精细程度来说，原本高效的BIM，在这种环境下，可能在效率上还比不过传统的设计方法。这就导致在甲方要求设计方运用BIM技术的时候，设计方先用传统的设计方式设计方案，再根据完成的施工图进行翻模，以应付甲方的要求。这样做的结果是，设计方费时费力，建出的BIM模型由于所含信息量不足，无法指导后期的施工和管理，产生不了应有的效益，消磨了甲方运用BIM的积极性，造成恶性循环。

二、设计方与施工方之间的BIM应用障碍

对于BIM技术来说，设计方与施工方的早期合作很有必要，因为在设计阶段专家所提供的知识将更多地被使用。国内现有的项目管理模式中，设计方与施工方之间的合作和沟通是基于二维图纸的，在建筑设计阶段，施工方是不参与进来的。这样造成的结果是大部分施工方都会重新建立Revit模型，而不去使用设计院提交的模型。这是因为施工过程对Revit模型的准确性和全面性有非常高的要求，而大部分设计院的模型并不能满足条件。

造成设计院的BIM模型不符合施工方要求的原因主要有以下几点：首先，设计方加入的模型信息和施工方需要的模型信息不匹配，设计方输入的是详细的建筑信息（包括各种构件的几何图形数据和属性信息等）和与建筑项目性能水平和要求相关的分析数据（结构荷载、照明亮度等），而施工方还需要与每个建筑组件相匹配的说明信息以及设备或者产品功率的方式方法方面的信息等；其次，目前缺少可靠的检查模型合规性的工具，也缺少相应的对设计方所提交的BIM模型合格程度进行判定的标准和规范；最后，目前国内对使用BIM技术时，各参与方之间的权责没有具体的划分和规定，就算设计院随意建立一个Revit模型，也没有任何法律责任。

三、设计方与设备厂商之间的BIM应用障碍

BIM技术给设备厂商带来机遇，设备厂商可以通过虚拟图像与自动生成预算加强市场营销和提升渲染，可以消除几乎所有的设计协作错误，有效降低工程和详图深化的成本，提升预制与预装的技术。

准确、可靠和没有歧义的信息对于任何供应链的产品流都是至关重要的，目前国内缺乏开放式的BIM数据标准，设备厂商无法提供所生产的产品的BIM模型构件库，因为模型数据无法进行有效的传输。设计方在运用BIM模型进行三维设计的时候，对族库的丰富程度具有相当大的依赖性，但是设计方的角色注定，其不可能也没有能力承担整个行业的构件库的建立与开发工作。国内设计单位的族库的构件基本都处于探索阶段，缺乏共享的构配件库，国内的设备厂商尚未像国外厂商一样提供产品的族文件。这也使得BIM模型的精确程度受到影响，导致模型在造价估算和运营管理上缺乏依据。

通过BIM技术在实际案例中的运用可以看出，设计方与设备厂商在以下四个方面存在着应用阻碍。

（一）项目启动阶段

在项目启动阶段，BIM技术应用的障碍既有客观方面的阻碍因素，也有主观方面的因素。客观方面的阻碍因素包括硬件配置要求高、BIM相关技术人才缺乏导致BIM小组组建困难；主观方面的阻碍因素主要是对BIM的人数存在误区、设计人员对BIM技术存在抵触情绪和可能存在的项目风险所引起的设计院决策者存在迟疑。

（二）方案设计阶段

在方案设计阶段，BIM技术应用存在着以BIM为基础的概念设计具有局限性，以及相关建筑软件与BIM软件之间缺乏简单有效的接口等阻碍因素。

（三）方案深化阶段

BIM技术的应用在方案深化阶段存在着对设计人员专业素养要求高、BIM软件本地化程度低、行业缺乏相关的技术标准和规范、用户协作存在挑战等问题。

（四）设计方与各参与方之间存在应用障碍

目前，设计方在应用BIM技术时，与业主、施工方和设备厂商之间都存在着应用障碍，主要根源在于整体建筑行业BIM技术发展不完善和目前现有的行业管理运营模式不利于BIM技术的运用。

第六节 高校BIM教学推广策略

BIM在国内的建筑行业中，受到越来越多的重视，大中小企业都开始进行不同程度的探索和应用，BIM人才的短缺，成为目前BIM技术发展的瓶颈。高等院校作为建筑行业的技术创新研究基地和人才储备库，以目前的培养方式，难以满足行业内对BIM人才的需求，专业教学已经滞后于整个行业的发展趋势。进行必要的人才培养方式的改革和创新，提高建筑类专业人才的综合素质，是必行之路。通过对高等院校的学生和教师进行调查问卷，分析后发现，BIM教学存在的问题主要包括BIM课程覆盖率低、高校师资力量短缺、教学方式单一、教学内容与实际应用差别较大等问题，笔者针对这些问题提出了相应的高校BIM教学推广建议。

一、增加BIM课程普及率，提升重视程度

目前国内高等院校中，BIM教学面临的最主要的问题是重视程度不够。通过问卷调查可以看出，国内高等院校中BIM课程的普及率很低，65%以上的学生没有接受过相关的课程学习，只有15%的高校教师实际应用过BIM技术。增加BIM课程在高等院校中的普及率，提高学校教师和学生对BIM的重视是当务之急。针对此问题，建议可以从以下几个角度着手改变。

（一）政策引导

针对整个建筑行业的BIM应用，我国从国家住建部到地方政府已经出台了一系列相关的指导策略和政策，但是从高等院校的BIM教学来看，缺少相应的鼓励政策和奖惩措施，在现有的国家教学评估体系中，对设置BIM课程的相关内容也没有提出具体的要求。再加上设置BIM课程的投入较大，导致国内的高等院校缺乏改革的动力。出台相应的鼓励政策，在课题的设立方面对BIM应用给予一定的倾向，可以有效提高院校和老师的积极性。

（二）行业支持

当前建筑行业BIM人才短缺现象显著，相关企业在进行人才招聘的时候，对于有BIM基础的应届生可以享受一定程度的优先政策，或者在薪金待遇上有一定的提升。这样可以提升高校建筑行业学生对BIM技术的重视程度，增加设有BIM课程的高校的毕业生就业率。在可见的效益驱动下，该做法可以促使国内高等院校进行效仿。

二、丰富BIM课程内容，与实践相结合

目前国内高校的BIM课程普遍存在教学内容单一、与实际应用相脱节的情况。

85

BIM技术的实践性很强是其特点之一，因此，仅仅以传统的课堂教学的方式传授学生BIM技术的相关概念和软件基本操作是存在缺陷的，无法让学生真正掌握BIM技术的精髓，也无法满足企业对BIM人才的综合素质要求。针对这种情况，建议一方面在现有的教学计划和教学条件的基础上，循序渐进，尝试将BIM课程与专业课程相融合，兼顾学生专业知识和BIM技术的学习情况，保证知识的连续性，不能让两者相脱离；另一方面，在BIM的教学体系中加入更多的案例教学和项目实践环节，让学生可以感受到实际项目实践中可能出现的问题，以及BIM技术在解决这些问题的过程中所具备的优势，提高学生的学习兴趣和实际应用能力。

三、建立跨专业的学习平台

BIM技术本身对专业间的协同作业提出了非常高的要求，在高校BIM教学体系中，也需要利用这种特性对原有的单专业、单理论的教学方法和模式做出相应的调整，可以通过建立BIM实验室，将与建筑相关的各专业学生（例如结构、水电、暖通等）整合在一起，建立一个跨专业的学习平台，让学生熟悉与学习如何与其他专业进行协同作业。

四、对师资队伍进行具有针对性的建设，引入专业性人才

BIM技术作为一项从国外引入的新技术，现有的师资队伍中具有教学能力的教师较少，对于BIM课程的教师来说，必须要熟悉BIM学科的发展前沿，具有扎实的理论基础，同时还需要有与所教授课程有关的实际工程设计实践经验，这就对高校教师提出了非常高的综合素质要求。国内目前现状是行业发展与专业人才的培养不匹配，理论体系的建立相对落后，专业性的教学人才短缺。针对国内现状，高校在教学队伍的组建方面，建议着眼于从BIM理论体系更为成熟的发达国家访学回来的人群和国内工程实践经验丰富的行业专家，聘请这些专业人士承担一部分的课程教学，同时在原有的教师中，选择有一定基础、接受能力强的年轻教师进行专业性的培训。

五、重视行业专家讲座的作用

BIM技术的发展日新月异，基于对BIM技术的接触面和认识程度，定期邀请行业前沿的专家和学者，针对学校的教师和学生举办前沿讲座是非常有必要的。其益处在于：了解BIM技术的前沿动态，把握BIM技术的发展趋势；拓展学生的知识面，激发学生对BIM技术的学习兴趣；为BIM教学提供一定的教学资源，填补课堂教学中可能存在的教学盲点，弥补教师资源的不足；潜移默化地转变部分教师和管理者对待BIM技术的消极态度，提供良好的BIM学习氛围，为BIM教学的改革扫除障碍。

六、拓展新的学习模式

针对现在高校普遍存在的BIM师资力量不足、专业性不够的情况，学校可以尝试与相应的教学机构合作，拓展新的学习模式。例如利用互联网技术，对学生提供线上教学内容，包括公共课、线上讲座等，在进行前期的理论知识和软件应用的学习之后，专业的BIM教学机构再进行线下讲师的派送，提供线下的短期课程培训。这样可以有效丰富高校的教学内容，提升教学水平，为建筑行业的学生提供更专业的BIM教学。

第七节　建筑设计企业BIM技术应用推广策略

随着国家政策和行业的发展，建筑行业正逐步走向规范，房地产的降温直接导致建筑设计行业内部竞争的加剧，设计企业想要激流勇进，就必须把握行业发展的方向，紧跟潮流。

BIM技术在优化工作流程、提高生产效率、节约成本和缩短工期方面能够发挥重要的作用，因此BIM技术的应用势在必行。通过对建筑行业设计工作者进行问卷，再结合实际项目的应用情况，发现目前设计行业在应用BIM技术的过程中存在着资金和人力投入大而短期收益小、现有的设计企业管理和经营模式与应用BIM技术存在不匹配、实际BIM应用效率低、应用面窄等问题，针对这些阻碍因素，对于设计企业在目前阶段如何应用和推广BIM技术，笔者提出以下策略以供参考。

一、企业决策层看待BIM需眼光长远、目标明确

虽然国内有些大的设计企业已经在BIM技术的应用上迈出了脚步，实施了一批经典的案例，但对于绝大部分的设计企业来说，对BIM技术的应用还处于探索或初步运用的阶段。

设计企业的决策者需要认识到：一方面，BIM技术的应用尚未成熟，难以在短期内出现成效，决策者看待BIM需要眼光长远，有足够的耐心。并且BIM在初期的人员和成本投入上较大，企业应该依据本身的条件，循序渐进，切勿期望于"一步到位"，否则容易过犹不及，挫伤企业的积极性。另一方面，决策者也必须对BIM有足够的信心，随着BIM运用的成熟，可以有效提升设计企业的工作效率和核心竞争力，前期的投入会在后期得到丰厚的回报。走在行业前列的人才能把握住机遇。

此外，企业在引入BIM技术的时候，需要明确一点，应用BIM技术并非为了应付政府或甲方的要求，或者一味地跟风，而是因为BIM技术本身所具有的技术优势，有利于企业长远的发展。只有明确这一点，企业才能踏踏实实地走好每一步，深入

应用BIM技术，而非浮于表面。

二、组建BIM团队时构架需合理

设计企业在组建BIM团队时，需要注意团队构架的合理性，将企业内对BIM技术有兴趣和有志推广BIM技术研究的人员集合起来，组建成团队，并在前期对人员进行专业性的培训，储备BIM技术人才。BIM团队需要包括管理团队和设计团队：管理团队对内负责项目分工和进度的把控，对外负责与设计团队及业主、施工方等其他合作方之间的协调和沟通；设计团队则主要负责解决各专业建模和深化，以及各专业族库的建立与丰富。只有前期团队构架合理，在后期的运营和发展中才能有条不紊，保证思路的清晰，省时省力。

三、转变管理模式，建立新的协作流程

BIM技术的运用在项目合作方式上发生了根本性的变化。传统的设计模式是通过图纸文件进行各专业之间的协调，在一个专业完成图纸之后，再交于下一个专业进行下一步的设计。而BIM则是通过一个到多个三维模型来协调，交换的是数据而不是图纸。这就需要设计企业根据自己的需要，在原有的管理模式的基础上做出相应的转变，建立新的专业之间的协作模式和协作流程。

以简单的项目文件储存为例，BIM模型数据量庞大，对各专业模型、成果需要进行分类组织与管理，以方便BIM模型的存储和查找。对不同项目角色人员应分别设置不同的文件权限，避免误改和误删，定期进行数据备份，保证数据的安全。

四、注重企业族库的构建

BIM模型的建立直接与族库挂钩，项目样板和系统族是BIM应用中的重要组成部分，其丰富程度将直接影响模型建立的效率和完成度，充足的族库资源是应用BIM技术顺利完成项目任务的重要保障。而样板文件和族的积累是个漫长的过程，需要花费大量的人力成本和时间成本。设计企业在应用BIM技术的初期，不但要积累项目经验，也要注重企业族库的建立。

设计企业可以通过以下渠道来丰富族库资源：第一，企业本身在BIM项目应用过程中进行族构件的积累；第二，与其他设计企业建立共享的族库数据库，提升工作效率；第三，从建设行业相关产品的制造商处，获得其产品的准确构件模型；第四，委托第三方参与企业族库的建立。

五、探索新的承包模式

国内传统的建筑工程承包模式中，主要针对的是建筑施工阶段，并没有将设计阶段包含进去，这种模式下，设计阶段与施工阶段相脱节，导致一方面设计师在设计过程中对施工过程考虑较少，另一方面，由于设计阶段在招标前已经完成，设计单位无法依据施工单位的特点和能力进行针对性的设计，从而导致大量的设计变更。BIM技术的理念贯穿整个建筑全生命周期，对各参与方之间的协作和组织模式提出了一定的要求，传统的承包模式难以满足。

EPC模式是指公司受业主委托，按照合同约定对工程建设项目的设计、采购、施工、试运行等实行全过程或若干阶段的承包。EPC总承包模式作为一种主要的工程总承包模式已经被住建部予以政策推广。

在EPC模式下运行BIM显然是更有优势的，更为紧密的集成化的建设环境更利于BIM技术发挥其技术优势，有助于知识和信息的提前交换，充分发挥设计在项目建设过程中的主导作用，实现设计、采购、施工等参与方的协作以及建设过程的并行化，提升项目建设质量，缩短建设周期。

第六章 BIM技术在绿色住宅建筑设计中的应用

第一节 BIM技术在绿色建筑评价中的应用

一、BIM技术在绿色建筑中的应用

《绿色建筑评价标准》（GB/T50378—2019）规定，绿色建筑评价体系主要包含7类指标，分别是室外环境和节约用地、节约能源与能源环境、节约用水与水资源环境、节约材料与材料资源、室内环境的质量、施工管理和运营管理，每个指标均含有控制项和评分项，在评价系统当中增加加分项。对于运行评价应包含7类指标，而对于设计评价，不针对施工管理和运营管理这两个指标进行评价。对于控制项来说，评定结果必须满足；最后的分值包含了评分项和加分项。绿色建筑星级根据标准主要有三个等级，所有的控制项必须达标，满足了要求之后，每个指标的评分项得分不应低于40分。表6-1为绿色建筑的等级划分情况。

表6-1 绿色建筑等级

等级	标准要求
一星级	≥50分
二星级	≥60分
三星级	≥80分

（一）节地与室外环境

为了提高土地的利用率和节约用地水平，应大力提倡运用新的节地技术、节地方式，相关研究表明，新技术、新理念对于提高土地的利用率有极大的帮助。设计人员可以利用BIM技术将建筑模型调整到具有日照的模式，观察日照的范围和时间；也可以导入日照分析的软件，调整不同的角度，对模块进行分析。另外还可根据第

三方咨询公司提供的室外风环境模拟分析报告，结合风条件下的模拟软件进行室外风条件模拟分析，利用模拟分析的结果结合规范要求，判断在人行走的区域风速是否满足不超过5m/s的要求。

相对于人们直接赖以生存的建筑室内环境来说，室外条件似乎显得没有那么重要。但是内部环境恰恰建立在外部环境之上，外部环境决定了建筑物采用何种建筑节能技术。对项目而言，利用BIM技术对周围的风热环境以及道路周边所带来的噪声等进行系统的分析，为设计人员选取建筑的围护结构提供了很大的便利。还可以利用BIM信息技术相关软件对当地的室外风条件进行模拟分析，根据室外风条件模拟的图形和数据，在建筑的周围合理布置绿化，改变人行区域的风环境变化。

（二）节能与能源利用

如何节约能源、合理使用能源是绿色建筑评价标准当中一项重要的指标。随着BIM技术的不断推广，设计单位根据BIM技术建立3D模型，转换成需要的形式，然后再导入相应的软件进行模拟并进行能耗分析；随后，通过国家和地方出台的绿色建筑节能规范和标准要求，充分结合项目所在地的有关数据，在项目的不断模拟中适当调整围护结构的相关数据，以满足要求，便于建立一个更加完整、合理的信息模型。设计阶段涉及的参数和最终的模型应当符合相关规范，并满足国家规定的建筑节能标准。此外，设计人员可以根据我国太阳的辐射范围划分图，通过BIM技术进行屋面的光照分析，从图中找出日照的最长时间，从而针对采光薄弱的位置进行优化，还可以充分考虑太阳能的合理布置，充分利用自然资源，保证太阳能发挥出最大的功效，提高太阳能的利用率。还可以根据太阳照射的范围，选取一定的适合本区域生长的绿色生态植物，利用绿色植物的光合作用，改善所处的环境气候，同时，还可以借助BIM技术对建筑的各个房间的自然采光情况进行分析，根据室内的自然采光情况，对房间进行合理划分，使得主要功能区的采光达到要求，确保人们生活在一个健康、舒适的环境下。

（三）节水及水资源利用

如何节约用水、合理使用水资源是绿色建筑中非常关键的部分。设计人员可以通过BIM技术为项目建立用水信息数据库，把当地气候条件和详细降雨数据计入其中，通过雨水的强度系数，计算出当地的最大降雨量，再通过查阅资料和BIM技术的信息数据库，了解到地质构造、地貌特点和环境气候，研究并分析当地的降水量变化规律，进而对水资源进行有效控制。根据分析得出的结果，可以选取适合项目发展的雨水收集方式，最大限度地实现雨水收集和水资源循环的最大利用，节约对路面的冲洗和城市绿化浇水的用水量。此外对于给水排水管道，BIM技术可以进行科学合理的布置以及节水分析利用，充分优化整个场地的水管的空间布置，不但能实现满足人们的日常生产生活的节水要求，还能防止由于错综复杂的管线布置带来的不必要的浪费。

（四）节材及资源利用

如何充分合理利用材料，确保材料利用率是绿色建筑评价标准当中一项极其重要的内容。具体来说，就是看看项目所用的材料是否以就近取材为原则，建筑材料当中可循环利用的材料所占的比例，高强度钢筋所占钢筋总量的比例等。在BIM出现以前，已有技术很难快速准确地计算大规模、比较复杂的项目。而随着BIM技术的不断推广，它能够在较短时间内分类并计算各类建筑材料的使用情况。而且，BIM技术的应用结合了建筑、结构、给水排水工程、空调设备工程、电气工程等各专业方案设计，利用BIM技术可以对整个项目进行科学化、数字化、系统化的计算，能够防止各个专业在设计阶段，因为沟通协作问题而导致的相互冲突和返工，进而避免材料在采购过程中引起的浪费。

（五）室内环境

建筑的室内环境直接影响了用户的居住体验，另外也对建筑的整体布局和舒适度有部分影响。对绿色建筑室内环境造成影响的主要条件有：通风情况、采光因素和声音的传递等。要想对室内的环境质量进行有效的、更加全面的分析，BIM技术不仅能结合所在地区的温度、气候，还可以就室内的风向、光照加以解决。在设计过程中，可以利用BIM技术对室内自然通风条件下的风速进行模拟分析，对房间窗户进行合理布局。针对噪声这块，根据噪声图寻找最不利的位置，BIM技术可以计算其中噪声的最大值，观察是否超过了相关规范要求。

二、BIM技术在建筑设计中的应用

BIM技术绿色建筑评价标准的应用如表6-2所示。

表6-2　BIM技术绿色建筑评价标准的应用

序号	与BIM相结合的应用
4.2.5	根据场地周边的噪声分布情况，利用BIM技术对其进行模拟分析，结合国家的相关标准对结果进行判断和评分
4.2.6	根据周围建筑及周边环境的分布情况，对建筑的室外风环境进行模拟并分析，判断是否满足绿色建筑评价标准的要求
5.1.1	利用BIM强大的功能检查建筑设计是否符合建筑节能标准
5.1.4	应用BIM技术检查房间或者场所使用的照明情况
5.2.2	利用BIM模型的数字记忆功能，统计建筑物的外窗可开启面积的比例，判定是否符合规范要求
5.2.3	可以通过BIM模型提取的围护结构热工性能参数，参考规范，提高或者降低幅度

序号	与BIM相结合的应用
5.2.10	通过BIM模型涵盖的大量数据信息，可以查阅各个房间采用的灯具
6.1.3	利用BIM模型里面涵盖构件的信息，合理划分，选择合理的节水器具
7.2.10	BIM模型中每个构件都有对应参数的信息，通过选取参数，便于统计材料
8.1.3	通过BIM模型涵盖的大量数据信息，可以查阅各个房间采用的灯具
8.2.5	利用BIM模型可以提前进行视野模拟
8.2.6	经过优化后的BIM模型可以对主要使用功能的房间进行采光模拟，观察是否满足使用要求
8.2.7	利用BIM模型可以改善室内采光的效果
8.2.8	利用BIM模型导入进行室内采光分析，通过调节遮阳措施来改善室内湿热环境
8.2.10	根据周围建筑及周边环境的分布情况，对建筑的室外风环境进行模拟分析，判断是否满足绿色建筑评价标准的要求

依据我国《绿色建筑评价标准体系》的规范要求，应该以"因地制宜"为基本原则，再充分考虑建筑所在地区的环境、气候和资源等特点，对建筑全生命周期内的节地、节水、节能、节材和环境保护进行科学合理的评价。

第二节　基于BIM技术的绿色建筑设计

通过对有关理论以及绿色评价标准的详细研究，可以看到运用常规的建筑设计，要使整个建筑项目满足绿色建筑评价标准的高性能、高质量要求很不现实。因此，需要对新理论进行更加深入的探索和对新技术不断创新，这对于绿色建筑设计未来的发展具有深远的意义。绿色建筑设计结合BIM技术的应用，给设计单位的各个参与人员提供了一个协调、广阔的平台。

一、基于BIM技术的绿色建筑设计

设计单位在进行绿色建筑设计时，需要参考相关规范以及《绿色建筑评价标准》，针对多个设计方案选取最优的设计方案进行模拟和分析，把分析的图形和数据对照《绿色建筑评价标准》进行不断改进和调整。在BIM技术兴起之前，传统的设计往往借助大量的计算机分析软件，以及参考书本的相关知识，比如结构静力学、动力分析、热能、结构构造分析以及声学，许多分析需要建立三维模型，各个专业之间相互独立，结构工程师建立的模型一般用于结构分析，有的还可以进行能耗分析。这些模型建立的目的主要是对设计进行分析，使其更加符合规范要求。绝大多数设计人员通过一定的方法建立的模型并不能转化为建筑模型，即无法生成图纸供施工方施工。

在基于BIM技术的绿色建筑设计过程中，在前期的设计环节，每一个工序都有相关专业的设计人员、工程师等介入其中，便于有效地交流和沟通。建立一个有价值的模型需要投入大量的人员和时间，同时，还要不断地调整和改进。虽然在前期的建模阶段，对模型进行信息编辑时需要花费很多的精力，但在后期的软件模拟阶段，可以借助前面建好的模型，直接导入进行模拟分析，节省了重复建模的时间。

为了便于模型的导出和导入，BIM建模和分析使用的软件接口应当满足：能够对抽象结构的模型进行分析和调整，避免模型与真实的建筑不符合；但是它不是一个分析软件，只不过能快速对模型进行调整；作为一种支持数据转换的格式，必须要保持与实际的建筑信息模型之间的关系，并随时更新参数信息；需要对某些属性进行必要的分析，因为这些分析都是从建立的模型当中获取的各种信息。

二、软件工具的选择

基于BIM信息技术的绿色建筑设计能够实现模型的建立、生成一定的图纸、对能耗进行分析等，此外，也能实现对信息进行读取和存储功能来满足不同软件之间的信息共享。就Revit来说，它不但可以建立建筑、结构、空调设备、电气等专业的三维结构图，而且还可以在图当中设置一定数量的参数信息，同时还可以输出需要的格式文件，例如，RVA、DWG、DWF、DGN、GSM、IES、TXT、IFC等，因此在一定程度上满足了基于BIM技术的绿色设计当中的关于设计工具的相关要求。

信息交互平台更像是一个集成的中心服务器，确保设计团队可以检查模型以及调取信息。中心服务器就像一个信息集中库，设计人员可以通过网络连接中心服务器得到相应的模型，在设计阶段结束之后会上传设计模型，在服务器当中不断更新信息。为了确保模型具备一定的安全性，实时检查模型信息，可以从设计团队的模型管理人员那里获取相应权限范围，比如对模型进行下载、调整和更新上传等。基于BIM信息技术的绿色设计对中心服务器的管理需求与信息管理功能比较类似。具体如下：具备对于设计数据的使用权限范围的管控功能，如下载、调整、更改和上传等；支持设计人员直接在服务器上对模型进行创建和修改，来确保服务器中的模型信息随时更新；支持远程访问时帮助模型进行格式的转换。

（一）基本设计软件

目前建筑市场上广泛使用的还是Autodesk软件公司的产品Revit。从2013年的版本开始，Autodesk公司里的Revit软件就把建筑、结构、暖通和机电等集结在一块，不再区分Structure和MEP。Revit是一个建立在信息技术基础上的3D建筑设计工具，除了构建真实的三维建筑模型外，还能够生成所需图纸、表格信息和工程量清单等。毫无疑问，Revit的出现，在特定的情况下加速了信息的传递，满足了信息化设计的需求和趋势。

（二）软件介绍

1．Revit软件的介绍

Revit是我国建筑业BIM体系中使用最广泛的软件之一。它能有效地帮助设计单位进行设计工作、提高施工单位的建造效率以及运营单位在后期阶段对项目的维护。Autodesk Revit是一种应用程序的供应，它结合了Autodesk Revit Architecture、关信MEP和Autodesk Structure等相关软件的功能。

（1）一致、精确的设计信息

Autodesk Revit把项目和与其有关的设计信息都集成在一个模型当中，根据模型产生平面、立面和剖面结构图以及三维视图、门窗明细表等，具备充分的协调性和一致性。

（2）参数化构建

在Revit里面，族是一个最基础的参数化组件。使用Revit进行整体设计时，可以通过组合不同类型的族来构成最终的模型。因为族是可以由参数驱动的，所以设计模型也可以通过参数驱动进行调整和修改。另外，Revit里面族是开放的，不但能够进行编辑，而且可以根据建筑的构造特点来重新构思，建立新的族，来满足各式各样建筑的需求。

（3）清晰的用户界面

Revit的用户界面清晰明了，非常直观，设计者可以通过多种渠道在用户界面上找到需要的工具栏或命令。

（4）导入和导出功能

Revit提供了许多格式的图形导入和导出方法，比如DWG、IFC以及gbXML等常用的分析软件可以识别的格式。此外，设计人员还能够导出视频、动画以及其他工程所需信息。

2．斯维尔软件的介绍

斯维尔公司借助清华大学的储备优势，历经十几年技术资本的累积和沉淀，先后在相关领域设计并研发出高科技的软件产品，例如项目设计、项目管理、建筑经济等领域。目前，已在全国30多个省市成立了分公司或授权经销商，建立了完善的服务网络，给用户提供了优质的本地化服务。斯维尔软件结合当前的发展现状，立足于AutoCAD软件平台开发，成功导入了BIM技术的算量信息，另外斯维尔软件还具备以下优点：不需要借助其他软件，可以直接利用原图纸，不但可以快速识别平面设计图，而且也能够识别立体结构图。

① 建筑模型。可以实现2D和3D之间的互相转换，在建立模型的时候，首先会根据平面图选择轮廓线、轴线，接着快速绘制墙体，不需要进行反复机械操作，此外，根据2D条件图，能够识别天正建筑t3格式的图纸和DWG建筑图纸，随着软件的进一步智能化发展，可以借此作为辅助条件，以最短暂的时间、投入最少的精力来实现项目利益的最大化。

② 建筑数据。斯维尔里面门窗不同于墙体，它是由带有参数的块组成的，在实际应用中，应该根据用户的需求，对部分房间进行开窗，再进行模拟和分析，此外，软件有自带的智能选取功能，可以进行计算、统计数据。

③ 工程设置。斯维尔软件以参数化为设计理念，在对项目进行模拟时，应该根据项目的实际情况选取数据，不需要借助参考规范。

3．Ecotect软件

Autodesk Ecotect Analysis软件是一款功能较为全面的可持续设计和分析软件，能够分析建筑物的日照、发射、阴影和采光等因素，该软件应用比较广泛，包含了仿真和分析功能，在现有的建筑和新建建筑设计当中应用相对较为普遍，能够提高建筑的性能要求。这款软件可以利用其强大的三维表现功能进行交互式分析，让用户有更多的选择。同时还支持在线支配信息，可视化及仿真真实环境与桌面工具相集成。

（1）可视化分析

目前，越来越多的软件具备可视化功能，但是它们往往只注重分析的结果，通常以图表的形式展现出来或者直接在建筑物上标注，这种形式会让人对其中的数据表示怀疑。如果在整个建筑空间当中，用不同强度的光照，用三维空间的形式把结果展现出来，会让用户更加信服。另外通过图表，只知道设计到哪一步，还有多少任务，进展的结果怎么样，对于具体的过程以及达到的预期效果，必须结合三维模型一并查看。

（2）绘制模型

Ecotect软件在绘制模型时，对于绘制界面来说，主要还是以传统的手绘为主，虽然手绘可能需要耗费大量的时间，可能给人感觉没有太多的智能效果，但是绘制起来简单、灵活，有种身临其境的感觉，能够让设计人员在实际的绘制过程中及时发现问题。这个软件最重要的一点是打破了传统的画法，能够在平面图形上面绘制三维模型，通过勾勒线条，来实现立体效果。由于Ecotect软件绘图是逐一绘制的，它能够对不同元素做出假设，把它们联系起来，这方面与传统的绘制还是有区别的，可以缩短模型绘制的时间。设计人员可以对自己设计的作品利用Ecotect软件进行检查和调整，所以Ecotect得到了广大设计人员的喜爱，可以对已经建好的模型进行修改和对某些部位进行拆建。大多数爱好者发现自动关联（automatic relationships）和材料假设（material assumptions）非常有用。

（3）渐进式数据输入

一般在Ecotect软件当中，系统会自动设置好一些用于模型的假设形式，还会根据不同地区设置不同的参数，方便用户使用。另外软件具备开放共享的性能，设计者可以根据自己的模型需求适当调整。如果设计者对于模拟的结果想要产生怎样的预期效果，可以用自己的思维加以调整。

传统的计算机分析软件，效率低下，耗费大量时间，对比之下，结合当前热门的BIM软件，接口众多，信息含量较为丰富，给目前的设计行业带来了极大的便利。

第三节　绿色建筑结合BIM技术在工程中的应用

一、项目概况

本项目位于黄山市屯溪中心城区阳湖江南新城，安江大道以西，天都路以南，红星路以东。建筑周边场地地势平坦，场地周边的环境条件符合建设的相关要求。本项目的规划用地面积大约为38097m²，绿化率是35%，建筑密度是19.1%，容积率是2.99，总建筑面积大约127392m²。对整个建筑而言，位于地上的建筑面积为113910m²，地下的建筑面积为13482m²，绿色建筑星级目标定为二星级。

在对整个项目进行模拟分析之前，首先要对建筑物进行建模，采用BIM信息技术，在Autodesk Revit软件中通过导入建筑平面图的CAD图纸加以定位，在Autodesk Revit软件里面绘制轴网、标高等概念，最后对板、柱、墙体、外窗等部位进行充分定位，就得到了该项目住宅小区的整体分布情况。

我国大多数的住宅建筑，都是利用Revit软件先建立首层三维模型，再利用体量得到项目的整体模型，虽然通过观察建筑物模型较为粗略，但是能够提高项目的建模速度，也能很直观地看到建筑的分布范围，通过点击三维漫游开关，能够从各个角度观察建筑物的不同立面情况以及在各个面的投影分布，还可以对整个图形根据需求适度放大或缩小，清晰看到模型的细部构件。

二、绿色建筑环境分析

（一）室外声环境的模拟

1. 软件的选取

该项目对声环境进行模拟分析所选取的软件是Cadna/A。Cadna/A系统是根据国际标准ISO9613，建立在windows操作平台上的噪声模拟和控制软件。这套系统在居住建筑、工业厂房、大型公路和铁路等领域应用比较广泛。Cadna/A软件的计算原理来自国际标准组织规定的ISO9613-2：1996《声学 户外声传播衰减 第2部分：计算的一般方法》。本软件中对于噪声源的判定条件、噪声的理论原理、充分考虑噪声在传播途径中的影响因素和通过计算得到的噪声值等内容与国际标准规定的相关规定大体一致。因此，我国出台了《声学 户外声传播的衰减 第2部分：一般计算方法》（GB/T 17247.2—1998），Cadna/A软件里面的用于噪声的计算方法同我国关于声学系统传播的计算内容在原则上基本是相同的。

2．标准要求

按照《声环境质量标准》（GB3096—2008）中的噪声环境区分类，该项目为1类功能区，即在居住住宅小区，需要保持相对安静的区域，昼间的噪声级别不超过55dB（A），夜间的噪声级别不超过45dB（A），声环境噪声限值详见表6-3。

表6-3　声环境噪声限值

dB（A）

声环境功能区类别	昼间	夜间	声环境功能区类别包含区域
0类	50	40	适用于康复疗养区等特别需要安静的区域
1类	55	45	适用于以居民住宅、医疗卫生、文化教育、科研设计、行政办公为主要功能，需要保持安静的区域
2类	60	50	适用于以商业金融、集市贸易为主要功能，或者居住、商业、工业混杂，需要维护住宅安静的区域
3类	65	55	适用于以工业生产、仓储物流为主要功能，需要防止工业噪声对周围环境产生严重影响的区域
4类4a类	70	55	适用于高速公路、一级公路、二级公路、城市快速路、城市主干路、城市次干路、城市轨道交通（地面段）、内河航道两侧一定距离之内，需要防止交通噪声对周围环境产生严重影响的区域

注：昼间为6：00～22：00，夜间为22：00～6：00

3．构建模型

影响项目的主要噪声因素：周围的道路、小区本身供水水泵及管道、配电装置、电梯和电机等设备噪声。其中周围道路分别为红星路、天都路和新安江大道。根据《城市道路工程设计规范》（CJJ37—2012）（2016年版）可知，城市的主要路段设计的速度取60km/h，城市次要路段设计的速度为40km/h。

从本项目的声环境模拟分析能够看出，该住宅小区场地内噪声主要由四周的道路、场地内车辆笛声以及空调设备等产生。从模拟分析的结果不难得出，本项目场地范围内昼间噪声最高值达到54dB，夜间最高达到44dB，建筑及周边的噪声环境良好，符合《声环境质量标准》（GB3096—2008）的规范需求。

（二）室外风环境的模拟

1．软件的选取

本项目的室外模拟分析结合计算流体动力学（CFD）的理论方法，借用PHOENICS2014分析软件对项目室外风条件因素展开模拟。目前CFD软件已经引起了人们广泛的关注，具体体现在模拟多变的流动、复杂的现象和视觉对话效应上。

2．数字模型

（1）出流面的边界条件

假设位于建筑物附近的流体是按照一贯的规律流动的，在建筑物周边没有其他因素影响其正常流动的情况下，模拟其在一定范围内的风环境中变化情况。

（2）选取控制方程

在项目的周边，一般情况下属于低速湍流，当气流遇到建筑物阻挡时，不仅能降低风速大小还能够改变风向。目前，对于这种现状，选取k-ε标准模型，可以达到计算效率高、耗时少，并且能够准确把握要点的目的。所以本项目采用的是Realizable k-ε标准模型，对建筑进行室外风模拟。

以下为速度能动方程、湍流动能方程和耗散率ε方程

$$连续方程式：\frac{\partial u_i}{\partial x_i}=0 \tag{6-1}$$

$$动量方程：\frac{\partial u_i}{\partial t_i}+u_j\frac{\partial u_i}{\partial x_j}=-\frac{1}{p}\frac{\partial p}{\partial p_j}+\frac{\partial}{\partial x_j}[V_i(\frac{\partial u_i}{\partial x_j}+\frac{\partial u_j}{\partial x_i})-g_i\beta(\theta-\theta_0)] \tag{6-2}$$

$$湍流动能方程：\frac{\partial k}{\partial t}+u_j\frac{\partial k}{\partial x_j}=\frac{\partial}{\partial x_j}(\frac{v_t}{\partial k}\frac{\partial k}{\partial x_j})+P_k+G_k-\varepsilon \tag{6-3}$$

$$耗散率\varepsilon方程：\frac{\partial \varepsilon}{\partial t}+u_j\frac{\partial \varepsilon}{\partial x_j}=\frac{\partial}{\partial x_j}(\frac{v_t}{\partial \varepsilon}\frac{\partial \varepsilon}{\partial x})+\frac{\varepsilon}{k}(C_1P_K+C_2\varepsilon+C_3C_K) \tag{6-4}$$

3．参数设置

该模拟分析结合了黄山市全年的气象标准。这里选取夏季、冬季和过渡季典型工况。季节工况如表6-4所示。

表6-4　季节工况

工况	季节	主导风向	平均风速/（m/s）
工况1	夏季	WSW（西南偏西202.5°）	7.7
工况2	冬季	NNW（西北偏北112.5°）	7
工况3	过渡季	NNW（西北偏北112.5°）	7.35

其中工况1、工况3主要分析在主导风向条件下该项目周围风环境及住宅前后风压差是否有利于自然通风；工况2是在冬季主导风速的情况下对本项目周围风环境及防风状况做出的分析。

4．模拟和分析

（1）工况1

图6-1　工况1人行高度处风速云图

图6-2　工况1人行高度处风速放大系数云图

　　图6-1、图6-2为在夏季WSW的条件下人行高度处的风速云图，相邻等值线的差值约为0.575m/s。从图中可以看出：1.5m人行高度处的风速能满足人们行走的需要，并处在合理的范围内，风速主要集中在1.16～5.75m/s，弱风区相对较少，比较适合人们正常的活动需求。

　　（2）工况2

图6-3　工况2人行高度处风速云图

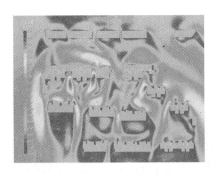

图6-4　工况2人行高度处风速放大系数云图

图6-3、图6-4为在冬季NNW的条件下人行高度处的风速云图，相邻等值线的间距约为0.761m/s。从图中可以看出：1.5m人行高度处的风速能满足人们行走的需要，并处在合理的范围内，风速主要集中在1.53～4.59m/s，大多小于5m/s，处于该范围基本满足人体的舒适度要求，适合人们正常的活动需求，可以不必太过加强防风措施，风速放大系数为1.81，小于2。

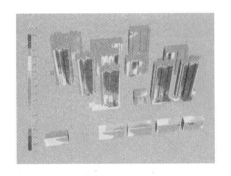

图6-5　工况2建筑表面迎风侧压力分布

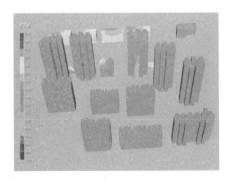

图6-6　工况2建筑表面背风侧压力分布

图6-5、图6-6为在冬季NNW的条件下，建筑表面受到风力时迎风侧和背风侧的压力分布情况，相邻等值线的差距约为3.3Pa，小于规范5Pa的要求。

（3）工况3

图6-7　工况3人行高度处风速矢量图-区域1

图6-7为在过渡季NNW的条件下1.5m人行高度处的风速矢量图，能够看出：过渡季工况下，出现了两处较小的涡流但未处于人活动区域，而人活动区域通风流畅，风速适中。

图6-8　工况3人行高度处风速云图

图6-8为在过渡季NNW的条件下1.5m人行高度处的风速云图，相邻等值线的间距约为0.877m/s。可以看出：位于建筑周边的弱风区存在于规划用地之外，1.5m人行高度处的风速能满足人们行走的需要，并处在合理的范围内，风速分布在0.873～3.49m/s，满足标准要求。

（三）室内风环境的模拟

1.软件的选取

一般的流体计算都是采用CFD原理。我国自主研发的斯维尔Vent2014软件也能采用此原理进行计算，它的运行结合了我国的各类标准和相关规范要求。斯维尔在模拟的过程中，可以直接从资料库中选取需要的参数，不像以往软件需要大量查找资料和规范，然后再结合标准和经验输入相关参数。比如，在模拟室外气流组织时，可以获得门窗风压表，然后再把门窗风压表结合室内气流组织进行模拟和分析，选择性开启部分窗户，最后通过模拟能看到建筑物的室内分布着不同颜色的气流。

2．相关标准要求

本项目对室内的通风效果进行评价和分析，结合了《建筑室内外通风效果测试与评价》（JGJ/T 309—2013）的要求，同时借助数值模拟的理论方法。其中的数值模拟部分通常借助国内斯维尔Vent2014软件中的室内通风版块。

3．设计参数

（1）网格划分

① 网格密度。在门窗洞口、墙与墙的连接处，风速最有可能发生较大的转变，因此应该对该位置网格进行充分加密，来填补这些部位，减少对风场的影响。Vent2014采取精密网格尺寸、精密细分级数来控制网格。

② 网格质量。网格质量是否合格决定能否进入下一环节的计算，在建筑通风测试和相关评价标准中规定了在对项目模拟之前需要判断网格的质量，Vent2014可以自动判定网格质量是否合格。

（2）湍流模型

湍流模型反映的是流体流动的现象，要想得到接近真实的模型数据，应该选取合适的湍流模型，结合几种k-ε湍流模型的特点和适用的情况，Vent2014根据相关标准和规范的要求，最终选取RNG k-ε湍流模型来对室外的流场进行计算。如表6-5所示。

表6-5　湍流模型

常用湍流模型	特点和适用工况
standard k-ε模型	简单的工业流场和热交换模拟，无较大压力梯度、分离、强曲率流，适用于初始的参数研究
RNG k-ε模型	适合包括快速应变的复杂剪切流、中等旋涡流动、局部转捩流，如边界层分离、钝体尾迹涡、大角度失速、房间通风、室外空气流动
Realizable k-ε模型	旋转流动、强逆压梯度的边界层流动、流动分离和二次流，类似于RNG

（3）控制方程

表6-6为速度能动方程、湍流动能方程和湍流耗散方程。

表6-6　控制方程

名称	变量		S
连续性方程	1	0	0
x速度	u	$u_{eff}=u+u_t$	$-\dfrac{\partial p}{\partial x}+\dfrac{\partial}{\partial x}(u_{eff}\dfrac{\partial u}{\partial x})+\dfrac{\partial}{\partial y}(u_{eff}\dfrac{\partial v}{\partial x})+\dfrac{\partial}{\partial z}(u_{eff}\dfrac{\partial w}{\partial x})$

名称	变量	S	
y速度	v	$u_{\text{eff}}{=}u{+}u_t$	$-\dfrac{\partial p}{\partial y}+\dfrac{\partial}{\partial x}(u_{\text{eff}}\dfrac{\partial u}{\partial y})+\dfrac{\partial}{\partial y}(u_{\text{eff}}\dfrac{\partial v}{\partial y})+\dfrac{\partial}{\partial z}(u_{\text{eff}}\dfrac{\partial w}{\partial y})$
z速度	w	$u_{\text{eff}}{=}u{+}u_t$	$-\dfrac{\partial p}{\partial z}+\dfrac{\partial}{\partial x}(u_{\text{eff}}\dfrac{\partial u}{\partial z})+\dfrac{\partial}{\partial y}(u_{\text{eff}}\dfrac{\partial v}{\partial z})+\dfrac{\partial}{\partial z}(u_{\text{eff}}\dfrac{\partial w}{\partial z})-pg$
湍流动能	k	$\alpha_k u_{\text{eff}}$	$G_k+G_B-\rho\varepsilon$
湍流耗散	ε	$A_l u_{\text{eff}}$	$C_{1\varepsilon}\varepsilon/k\ (G_k+C_{3\varepsilon}G_B)\ C_{2\varepsilon}\rho\varepsilon^3/k-R_\varepsilon$
温度	T	$u/P_r+u_r/\sigma_T$	S_T

表中的常数如下所示:

$$G_k=u_t S^2,\quad S=\sqrt{2S_{ij}S_{ij}}$$

$$S_{ij}=\frac{1}{2}(\frac{\partial u_j}{\partial x_i}+\frac{\partial u_x}{\partial x_j}),\quad G_B=pTg\frac{u_t}{\sigma_T}\frac{\partial T}{\partial y}$$

$u_t=\rho C_u k^2/\varepsilon$, C_u=0.0845, $C_{1\varepsilon}$=1.42, $C_{2\varepsilon}$=1.68, $C_{3\varepsilon}=\tan h\left|\dfrac{v}{\sqrt{u^2+w^2}}\right|$

σ_T=0.85, σ_C=0.7, $\alpha_k=\alpha_\varepsilon$

根据计算$\left|\dfrac{\alpha-1.3929}{\alpha_0-1.3929}\right|^{0.6321}\left|\dfrac{\alpha+1.3929}{\alpha_0+1.3929}\right|^{0.3679}=u/u_{\text{eff}}$

其中α_0=1.0,如$u{\ll}u_{\text{eff}}$, $\alpha_k=\alpha_\varepsilon\approx1.393$,则

$$R=\frac{C_u p\eta^3(1-\eta/\eta_0)}{(1+\beta\eta^3)}\times\frac{\varepsilon^2}{k},\text{ 其中}\eta=Sk/\varepsilon,\ \eta_0=4.38。$$

（4）求解方法

① 算法说明。本次计算的方法采用CFD方法,分成有限差分法以及有限体积法。一般情况下,两者计算的结果大体一致,只不过有限差分法采用了微分的思想,而有限体积法是基于物理守恒原理的。

对于本次Vent2014软件的模拟,选取了有限体积法,同时结合了压强校正法（SIMPLE）处理方程,先把运动方程里面的差分方程带入,再根据连续性方程进行求解,并进行适当调整,最后得到需要的数值。

② 差分格式。对于CFD的计算,通常先对CFD立体模型当中的部分非线性方程离散,得到便于计算的方程,整个过程会涉及差分法。

Vent2014采取二阶逆风方式对线性方程进行充分离散,对于二阶逆风格式的准确度至关重要,能够达到简单流体的模拟计算水平,另外在建筑通风测试和相关评

价标准当中，应当满足JGJ/T 309—2013标准当中数值模拟算法的相关要求。

4．模拟和分析

本项目的室内模拟是在过渡季工况下进行的逐步分析，根据每栋建筑的门窗风压数值，对其中最不利的楼层标准层进行模拟分析，得到气流组织图如图6-9～6-17所示。

1#二层A5户型：

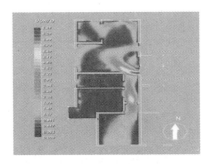

图6-9　1.5m高度风速矢量图

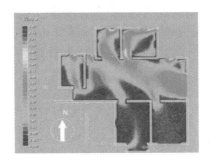

图6-10　1.5m高度风速云图

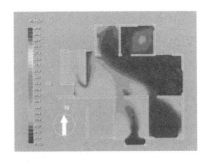

图6-11　1.5m高度空气龄云图

1#二层B4户型：

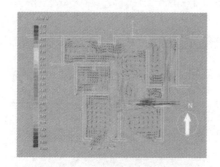

图6-12　1.5m高度风速矢量图

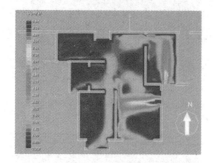

图6-13　1.5m高度风速云图

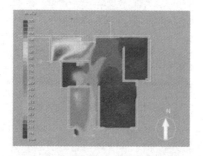

图6-14　1.5m高度空气龄云图

1#二层C户型：

图6-15　1.5m高度风速矢量图

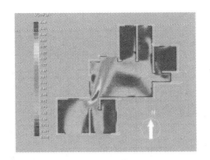

图6-16　1.5m高度风速云图

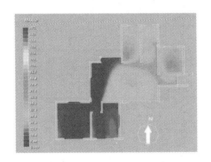

图6-17　1.5m高度风速矢量图

表6-7　换气次数

分类	体积/m³	面积/m²	换气次数/（1/hr）
1#A5户型	288.06	99.33	455.63
2023[餐厅]	64.37	22.20	1551.04
2022[客厅]	52.21	18.00	2391.37
2029[书房]	25.84	8.91	969.10
2028[厨房]	18.01	6.21	1957.61
2026[卫生间]	19.14	6.60	1013.13
2014[卧室]	38.45	13.26	468.70
1#B4户型	217.61	75.04	231.32
2011[卫生间]	9.57	3.30	409.85
2004[客厅]	46.29	15.96	635.35
2019[厨房]	19.49	6.72	90.32
2013[书房]	29.41	10.14	630.56
2012[餐厅]	52.75	18.19	358.22
2002[主卧室]	36.10	12.45	377.46

分类	体积/m³	面积/m²	换气次数/(1/hr)
1#C户型	293.07	101.06	143.77
2020[餐厅]	70.37	24.26	154.45
2017[客厅]	53.10	18.31	652.32
2030[卫生间]	10.96	3.78	391.29
2027[厨房]	24.16	8.33	134.42
2025[书房]	24.36	8.40	180.33
2006[卧室]	32.86	11.33	406.59
2005[主卧]	45.43	15.66	468.41
1#D户型	240.46	82.92	134.36
2010[卫生间]	9.57	3.30	462.36
2007[主卧室]	40.42	13.94	104.39
2003[客厅]	39.67	13.68	33.60
2018[厨房]	19.49	6.72	10.26
2009[餐厅]	70.16	24.19	22.50
2001[卧室]	36.10	12.45	526.56

由表6-7数据可以看到，针对选取的1号楼二层不同的户型进行的模拟分析，其换气次数大于2次/小时的面积比远远超过了90%，符合《绿色建筑评价标准》中对于项目房间通风换气次数的相关要求。

（四）室内光环境的模拟

1. 软件的选取

本项目的室内环境模拟软件主要有Autodesk Ecotect Analysis和Radiance。Ecotect是一款功能较为全面的可持续设计和分析软件，能够分析建筑物的日照、发射、阴影和采光等因素，该软件应用比较广泛，包含了仿真和分析功能，在现有的建筑和新建建筑设计过程中得到了普遍的使用，能够提高建筑的性能要求。这款软件可以利用强大的三维表现功能进行交互式分析，让用户有更多的选择。但是Ecotect软件计算较为粗略，而Radiance采用了蒙特卡洛算法优化的反向光线追踪算法，该方法更为精确，能更好地进行采光分析。尤其在国际上Radiance软件一直为人们所喜爱。

2. 采光标准

采光标准如表6-8～6-10所示。

表6-8　居住建筑的采光标准

采光等级	房间名称	侧面采光采光系数标准值/%	室内天然光照度标准值/lx
IV	厨房、卧室	2.0	300
V	卫生间、过道、楼梯间	1.0	150

表6-9　光气候系数K值

光气候区	I	II	III	IV	V
K值	0.85	0.90	1.00	1.10	1.20
室外天然光设计照度 E_s/lx	18000	16500	15000	13500	12000

表6-10　边界条件及参数

模拟软件	Autodesk Ecotect Analysis 2011+LBNL Radiance
所属光气候区	IV类光气候区
天空模型	CIE全阴天模型
网格尺寸	0.2m×0.2m×0.02m
室外天然光设计照度	13500lx
工作台面（网格高度）	750mm（主要功能区）；0mm（非主要功能区）

3．分析和模拟

本项目选取的是1号楼最不利的二层，即二层的室内自然采光模拟。如表6-11所示。

表6-11　采光系数达标率各层情况

楼层	户型	房间编号	房间名称	采光等级	采光类型	采光系数/%	限值/%	限值×K/%	是否满足
1#2	A5	X035	餐厅	V	侧面采光	1.31	1.00	1.10	满足
		X034	起居室	IV	侧面采光	6.80	2.00	2.20	满足
		X025	厨房	IV	侧面采光	5.79	2.00	2.20	满足
		X021	卫生间	V	侧面采光	2.55	1.00	1.10	满足
		X012	卧室	IV	侧面采光	5.73	2.00	2.20	满足
		X010	卧室	IV	侧面采光	3.75	2.00	2.20	满足
		X029	卫生间	V	侧面采光	1.78	1.00	1.10	满足
		X002	起居室	IV	侧面采光	6.42	2.00	2.20	满足

楼层	户型	房间编号	房间名称	采光等级	采光类型	采光系数/%	限值/%	限值×K/%	是否满足
1#2	B4	X015	厨房	IV	侧面采光	0.62	2.00	2.20	不满足
		X011	书房	IV	侧面采光	2.23	2.00	2.20	不满足
		X006	餐厅	V	侧面采光	0.70	1.00	1.10	不满足
		X004	卧室	IV	侧面采光	5.17	2.00	2.20	满足
		X033	餐厅	V	侧面采光	1.02	1.00	1.10	不满足
		X032	起居室	IV	侧面采光	6.04	2.00	2.20	满足
1#2	C	X026	卫生间	V	侧面采光	5.78	1.00	1.10	满足
		X023	厨房	IV	侧面采光	3.81	2.00	2.20	满足
		X019	书房	IV	侧面采光	4.12	2.00	2.20	满足
		X008	卧室	IV	侧面采光	4.72	2.00	2.20	满足
		X007	卧室	IV	侧面采光	3.78	2.00	2.20	满足
		X028	卫生间	V	侧面采光	1.78	1.00	1.10	满足
		X007	卧室	IV	侧面采光	3.99	2.00	2.20	满足
1#2	D	X001	起居室	IV	侧面采光	5.69	2.00	2.20	满足
		X014	厨房	IV	侧面采光	0.64	2.00	2.20	不满足
		X005	餐厅	V	侧面采光	0.78	1.00	1.10	不满足
		X003	卧室	IV	侧面采光	5.23	2.00	2.20	满足

通过对1号楼的各种户型主要功能区的计算，得到平均自然采光系数为3.5%，满足居住建筑采光设计标准的最低值的相关要求，及卧室和客厅的采光系数不低于2.2%的规定。

本节选取实际工程案例加以分析，并结合当前热门的BIM模拟软件，通过对整个项目的噪声和通风这两项指标进行研究分析，选取其中的一栋楼，对室内的风环境和光环境进行模拟分析，把模拟分析的结果对照《绿色建筑评价标准》和相关规范，来判定研究的意义和可行性，最后得出的结论是四个模拟分析在各自的环境条件下，均符合相关标准和规范的要求。

第七章 基于BIM的装配式建筑
设计施工协同机制

第一节 基于BIM技术的装配式建筑的协同机制总体设计

一、协同机制研究分析

"机制"一词主要指事物本体间的构造等相互关系，始于机械工程学，原指机器的构造和动作原理，后经学科发展和概念演变而被广泛使用：事物或生物体内部通过建立机制以进行有序的运作，从而达到保障系统内各部分的稳定性并发挥整体效应的目的。协同有广义和狭义之分，狭义仅指各元素之间的合作关系，而广义则指合作与竞争共存。在协同机制这一概念中，协同更偏重于广义方面，意指协调系统的各个元素使其进行协同合作，在竞争合作中取得双赢。我国学者孟琦详细说明了协同机制的定义与特征，它是具备内部生长机制的某种非对称的选择放大或衰减的线性形式，即系统以一定的规范来约制各子系统间的相互作用的工作方式。它不仅能够选择构成系统所需的材料、程序、步骤等，而且能够设置一种内部的正反馈激励机制，以实现在系统进化上对内外部关系与相关事物间进行选择、管控、协调的目的。

二、基于BIM技术的装配式建筑设计施工协同机制的整体设计

（一）协同的对象分析

协同对象主要从三个方面进行阐述，其中包括过程的协同、职能部门的协同以及信息数据之间的协同。

1. 过程协同

建设工程项目划分为概念设计、初步设计、深化设计、施工图设计、机构审查、施工与施工管理七个阶段。各阶段对项目的工程角色进行任务分配，确保各参与方

在不同阶段BIM加入工程项目后，清楚地了解自己需要完成的任务以及协同路径。

2．职能部门的协同

职能部门的协同以及人员的协同，包括各参与方之间与各专业间的协同。让他们进行协同合作，将减少很多设计施工过程中的矛盾与冲突。在装配式工程项目中主要涉及的参与方有以下主体：业主、设计单位、施工总承包单位、构件生产厂、物流单位等，各参与方之间应共享与传递信息。

3．信息数据之间的协同

项目部在设计与施工过程中，通过云平台的方式进行数据信息共享，使各参与方能够获得其他参与方的成果，减少各参与方的重复建模工作，同时通过协同流程的设计，规定了信息传递的方向，有利于各参与方对方案成果的充分利用，提高项目的整体效益。

（二）传统设计模式的缺陷

传统的装配式建筑设计主要采用DBB模式，各参与方按照招投标的顺序依次进入项目实施过程中，先是业主进行招投标确定设计单位，在设计完图纸后，再通过招投标的方式确定总承包方，紧接着确定构件厂、物流单位、监理单位，分别与他们签订合同，规定双方的权利与义务。

在传统的设计中，构件厂、物流单位、施工方并没有提前参与设计的工作，导致设计单位在设计过程中没有充分考虑后期的设计、生产与施工，导致设计与后期的工作脱节，生产与运输成本增加，施工进度与质量难以保证等。

（三）协同管理框架设计

1．主要协同参与方

在设计施工协同过程中，主要涉及设计单位、业主、物流单位、构件厂、施工总承包单位，各参与方在设计阶段就加入项目中，为项目的决策与设计提供意见，下面是各参与方的职责。

（1）业主

业主需要根据项目特点制定BIM应用的总体目标，同时还要确定BIM的阶段性目标、组织流程、建模规范标准、协同机制与平台，并针对项目进展实际情况随时调整BIM规划与信息内容。对于业主来说，在项目设计阶段，BIM的应用关键在于结合项目的具体特征制定BIM应用的总体目标，同时还要协调各团队之间的信息沟通，从而达到管控整体的目标。为使项目能有效地进行，业主还需以合同的形式对各参建方的BIM应用能力进行规定，以便各参建单位都能站在业主立场上看问题，有利于推动BIM的应用。该模式对业主的BIM综合运用能力要求较高，同时也面临着前期投入成本高的问题，对业主来说既是技术问题，又是经济问题。

（2）设计单位

设计单位需要准确理解业主的需求，以及熟悉政府的规范标准。在设计过程中，设计单位需要根据业主新要求进行修改，以及综合构件厂与物流单位的建议与反馈意见，使设计工作在规定的约束条件下进行，提高设计工作的有效性。设计单位的工作具有反复性，需要综合各参与方的需求，直到大家都达成一致的意见。

（3）施工总承包

施工总承包方要在建设项目初期就进入，同时还需要联合分包商与构件厂。传统的DBB模式使施工方无法在设计阶段就参与进来，尤其是他们有时候可以显著增加项目的价值。

模型中信息的详细程度取决于模型的功能需求，施工总承包方应根据项目的需求建立相应详细程度的模型。例如，为了达到精确的成本估算，相应的模型必须要足够细化，才能为成本估算提高准确的材料工程量。

（4）构件厂

构件厂在设计阶段应给设计单位提供设计建议，并根据设计单位的设计图纸，提出反馈意见，确保设计单位的设计图纸具有可生产性，减少设计变更的发生。如设计单位可能考虑到钢筋的经济性问题，会选择多种小规格的钢筋，但该情况会给施工单位造成施工困难、钢筋交叉碰撞的现象。同时也应告知设计单位生产车间的模具的类型及生产设备的信息，给设计单位提供预制构件拆分的依据，整合上下游资源，提高生产设施的重复使用率，降低生产成本。

（5）物流单位

物流单位在设计过程中也要对设计图纸提出反馈意见。物流单位应提前与货车司机共同勘察运输路线，观察是否有过街桥梁、隧道等对高度有限制的路况；制定预制构件的运输方案、时间、路线；提供车辆运输承载力的信息，需要与构件的质量与尺寸进行匹配，给设计单位进行构件拆分提供依据；运输前需要对驾驶员进行交底，不得急刹车、提速、急转弯等。

2．协同阶段与内容

协同的设计阶段包括方案设计阶段、初步设计阶段、施工图设计阶段、深化设计阶段，其中方案设计与初步设计阶段需要进行初步建筑方案设计，涉及构件库的建立、户型模块化设计、经济可行性分析等内容；施工图设计阶段主要涉及拆分设计内容；在深化设计阶段进行碰撞和优化分析与构件深化设计的内容。在设计阶段完成构件的拆分与深化设计，以满足各参与方的受限需求，提高构件的精确度，满足生产与施工的要求。施工阶段在构件深化的基础上，运用BIM技术进行进度、质量、安全的管理。

3．基本架构

基于BIM技术的装配式建筑设计施工的基本架构如表7-1所示。

表7-1 基于BIM技术的装配式建筑设计施工的基本架构

阶段与内容	业主	设计单位	施工总承包	构件厂	物流单位
概念设计：性能分析、经济性分析	√	√	×	×	×
初步设计：户型模块化设计、族库设计	√	√	√	√	√
施工图设计：构件拆分	√	√	√	√	√
深化设计：碰撞检测与构件深化优化	√	√	√	√	√
机构审查：图纸审查	√	√	√	√	√
施工阶段：进度管理、质量安全管控	√	√	√	√	√
运营阶段	√	×	×	×	×

注：√代表参加，×代表不参加

4. 协同内容与流程设计

各参与方在设计与施工过程中，由于各阶段工作重心不同，因此需要建立两种不同的组织关系。如设计阶段主要是要解决各参与方的需求与实际设计相协调，以及解决在施工中将会遇到的碰撞和冲突的问题；而施工阶段需要控制现场施工质量、进度、安全，协调好各参建单位的进出场时间与控制好各方的计划，做好质量与安全的管控。设计与施工阶段的组织结构如图7-1、图7-2所示。

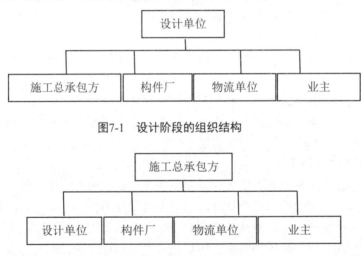

图7-1 设计阶段的组织结构

图7-2 施工阶段的组织结构

本节在对协同理论与BIM技术理论研究的基础上，利用协同与BIM技术优势解决装配式建筑设计、生产、施工过程中不协调的问题。通过对装配式建筑项目的协同对象分析，建立设计施工阶段的整体协同框架，使各参与方在设计初始阶段就参与其中，在设计各阶段都给出相应的意见与建议，让最后的设计成果满足后期的生产、运输与施工要求，减少设计变更。

第二节 基于BIM的装配式建筑设计阶段协同设计管理体系

一、设计阶段总体协同流程设计

（一）设计阶段协同的主要参与方及其任务

设计阶段主要涉及业主、构件厂、设计单位、物流单位、施工总承包方，其中业主在方案设计阶段就参与到设计中；施工图设计阶段主要涉及构件厂、设计单位、物流单位与施工总承包方；深化设计阶段主要涉及构件厂、设计单位、物流单位与施工总承包方。各参与方在设计阶段的任务如下。

1. **业主**

业主主要在方案设计阶段对设计单位提出建筑项目成本与建筑的性能与功能要求，并在设计单位方案设计完成后，进行审核和给出相应的意见。

2. **构件厂**

构件厂需要在初步设计阶段辅助设计单位进行初步方案的建立，为设计单位提供构件厂常用的构件尺寸规格，在施工图设计阶段进行构件的受限分析，辅助设计单位的构件拆分工作。构件厂在深化设计阶段提供给设计单位与生产相关的预埋需求，设计单位根据其需求进行构件深化设计。

3. **设计单位**

设计单位在方案设计阶段，需要根据业主对建筑成本的要求与性能要求进行方案设计，即需要对建筑的性能与经济性进行分析，把设计成果与方案交付给业主，供业主进行方案的选择与审核。在初步设计阶段需要初步方案的设计，即进行构件标准化与户型标准化设计从而形成初步方案。在施工图设计阶段，需要进行拆分设计，收集各参与方的受限因素，进行初步拆分，拆分完毕后，各参与方进行审核分析，把修改意见反馈给设计单位，设计单位进行进一步拆分。在深化设计阶段，设计单位根据各参与方的预埋需求进行构件深化设计，同时还应组织各设计专业进行碰撞检查与优化。

4. **物流单位**

物流单位在施工图设计阶段加入设计工作中，需要对本单位运输车辆的数量、尺寸大小、宽度限制、高度限制等因素进行调查分析，把调查结果提供给设计单位，设计单位根据物流单位的受限因素进行拆分设计。设计单位进行拆分设计后，物流单位需进行拆分结果的审查，并把审查报告反馈给设计单位。在深化设计阶段，物流单位需给设计单位提供运输所需的预埋件需求。

5. **施工总承包方**

施工总承包方在施工图设计阶段参与项目的设计工作，在设计单位进行构件拆分前，需进行塔吊限重调查，给予设计单位拆分设计的依据，设计单位拆分完后，施工方需进行塔吊的吊装验算分析，把发现的问题反馈给设计单位。在深化设计阶段，施工总承包方需向设计单位提供关于吊装与施工的预埋件需求，最后在设计单位进行深化设计后，进行检验分析。

（二）与协同相关的关键性任务

1. 构件拆分设计

由于构件需要进行吊装、生产与运输，而构件的吊装、生产、运输都对构件的尺寸大小有一定的要求，因此需要将超大、超重的构件进行拆分。与传统的现浇建筑不同的是，装配式建筑的设计过程需要进行拆分，以满足现场安装、工厂生产的要求。目前装配式建筑的设计还不够规范，建筑设计师不了解生产与施工，使设计施工脱节，难以满足后续的工作需求。设计师根据自己的工程经验进行拆分，没有考虑构件的标准化，使拆分的构件具有多样性，造成构件的生产效率低与生产成本高等问题，阻碍了装配式建筑的推广与发展。

2. 构件深化设计

常规的装配式建筑的深化设计主要是在二维图纸上进行，各图纸之间可能存在冲突导致生产完的构件难以满足现场安装的需求，同时图纸中预埋件与钢筋之间的碰撞难以发现，导致生产过程中的冲突，影响整体的施工进度与质量。传统的现浇建筑施工的误差只需要控制在厘米范围内，而装配式建筑对构件深化设计精度要求，生产与施工的误差需要控制在毫米级范围内，否则将导致构件无法顺利安装。另外传统的二维图纸深化存在着深化效率低、工作量大、错误率高等缺陷。装配式建筑的深化设计需要各专业之间进行紧密的协同工作，信息之间需要准确、快速地传递。

（三）设计阶段各参与方协同框架设计

设计阶段需要根据工作任务属性与各参与方性质进行总体架构设计，规定在方案设计阶段、施工图设计阶段、深化设计阶段的主要工作任务与所需要完成的工作，以及各参与方在设计过程中的协同关系。

二、设计阶段BIM协同实施方案设计

（一）初步设计方案的形成

在方案设计阶段，设计单位应根据业主对性能与经济性的需求进行初步方案设计，设计师需要进行构件库的建立以及户型的标准化设计，进而进行楼栋的设计。在完成以上工作后，他们还需利用BIM技术对不同的设计方案进行模拟并对比分析，从拟建项目的外形、结构形式、耗能、朝向以及施工和运营等方面向业主进行汇报，从而使业主做出更加合理的决策。同时各参与方可在初步设计阶段提出有关成本的提议，BIM技术也为各参与方进入该阶段提供一个高效的平台，使得早期的决策能

及时得到反馈，进而保证方案设计阶段决策的正确性与可操作性。

另外，依据定额计价模式，基于BIM技术建立建筑信息模型，能得出工程的总概算；在总概算的基础上，项目各方面的决策也会做出相应的改变，如建设规模、结构形式、设备选型等均会随着设计的不断深化而进行变动与修改，利用BIM技术导出的工程量结合施工定额做出相应的概算，可供业主对设计方案进行选择，为业主的决策提供更加可靠的依据。图7-3是设计单位依据业主与规范要求进行初步方案的设计流程。

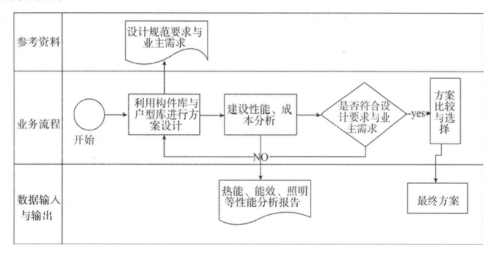

图7-3　初步方案设计流程

1．构件标准化

构件是装配式建筑的重要组成部分之一，项目的各参与方都在预制构件的基础上开展工作。由于构件的种类多，对于设计、运输与生产等过程都是不利的，因此需要进行构件的标准化，建立相应的标准化构件库，构件库里的构件相互之间独立，并可以被重复利用。构件的建立是设计单位进行户型设计的依据，是不同参与方信息共享的前提，给后期构件的生产提供了便利，构件厂无须重新设计生产模具，减少了复杂异形构件的设计，避免给构件厂带来麻烦。

设计单位可根据经验进行构件尺寸的设计，也可根据平时构件厂生产的构件尺寸进行构件库的建立，即需要构件厂进行生产磨具的调查分析，并提供各类型构件的尺寸参数。构件库的建立主要有两种方法：一种是利用Revit软件新建常规构件，并对构件进行相应的参数设置，利用拉伸、放样等功能，建立对应的构件库；另一种方法是利用PKPM软件对构件参数进行设置，自动生成不同尺寸的楼梯、梁、板等构件，归并到构件库当中，给设计师在设计过程中构件的拆分与户型的设计提供依据。

2．户型标准化

在前面构件标准化的前提下，设计单位可根据构件厂所提供的标准化构件，通过拼装的方式进行户型的标准化设计，即将构件库中的构件按一定规则进行组合、排列组成新的户型（见图7-4）。在户型标准化的前提下，设计单位根据业主对建筑性能与外观的要求进行模块化设计，将不同的户型模块、楼梯模块进行拼装组合，组成新的楼栋，给业主提供方案的比对。

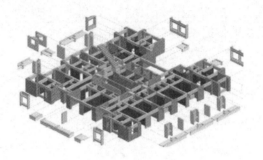

图7-4　户型标准化

3．功能与经济性分析

（1）性能分析

① 建筑日照与辐射分析：利用Ecotect软件建立BIM概念化模型后，通过对项目现场环境与气象资料的调查，输入项目的地理位置与气象资料，进行日照与辐射的分析。然后根据软件模拟的结果进行室内外采光分析（见图7-5、图7-6），将结果与当地的规范进行对比，发现不满足要求的地方尽快调整。

② 建筑室内外风环境分析：良好的通风条件是室内外居住舒适性评价的重要指标。同样可采用Ecotect软件分析各楼栋与户型的通风条件，对不满足舒适性的地方进行调整。

③ 建筑室内外声环境分析：噪声分析也是建筑设计的重要依据，影响着人们的生活质量。室外噪声分析是室内噪声分析的依据，在进行室外噪声分析时，可通过软件对建筑周边车流速度与通行量进行设置，作为室外噪声分析的模拟参数。在室外噪声分析完毕后，把分析结果作为室内噪声分析的重要影响参数。分析完毕后，与当地的规范进行对比，当噪声过大时可通过植树、修改外围护结构等方式进行降噪。

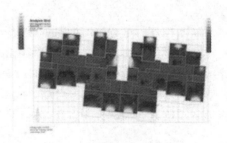

图7-5　室内采光分析

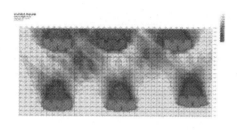

图7-6　室外采光分析

（2）经济性分析

在决策阶段可利用BIM技术进行方案设计，通过对不同方案的分析，对项目总体造价进行估算，给业主方案决策提供依据。预算造价是方案选择的重要依据，利用BIM技术可进行不同方案的快速比对，选出最优的方案。在方案设计阶段，设计人员可利用Revit建立相应的BIM模型，然后利用软件的明细表功能把每一构件的长度、宽度、高度、体积、门窗类型与数量等尺寸统计出来，再输入材料的市场价，设置好数量关系，最后进行经济性分析。

（二）构件拆分设计协同方案

初步设计方案的形成是构件拆分设计的基础，紧接着是施工图设计阶段，主要解决的是预制构件合理拆分的问题。在初始阶段，施工总承包方、构件厂、物流单位针对构件拆分分别提出自己的建议与意见，并说明各自的限制因素，即构件生产、运输与施工过程中经常出现的问题。设计单位在听取施工总承包方与构件厂等单位的意见后，进行初步预制构件的拆分，拆分好后提交给业主进行审核，并把初步的拆分方案的预估成本跟业主汇报。业主审核通过后，把初步设计拆分方案发给施工总承包方、构件厂、物流单位，各参与方接收到施工图模型后，施工总承包方需要构件拆分方案的施工受限分析，构件厂需要进行生产受限分析，物流单位需要进行运输受限分析。各参与方通过模拟分析之后，把问题汇总，同时在受限分析过程中，相互之间做好沟通，并做好初步拆分方案的预算与进度说明。在各参与方完成方案模拟之后，由业主牵头召开拆分方案协调会，协调好各方的意见，最后使意见达成统一。设计单位需要对修改内容进行记录，在沟通协调过程中，提出自己关于规范与成本的意见，从而协调各方意见，使之达成一致，并在会议结束后，及时对拆分方案进行整改，施工总承包方、构件厂、物流单位审核无误后，施工图阶段拆分设计则完成。

装配构件的拆分设计不是单纯的设计，需要对设计、生产、运输与施工进行集成，充分考虑各阶段的受限，要求尽量减少构件型号，提高模具周转率，易于构件制作、生产、安装运输。

1. 各参与方协同受限因素分析

（1）设计单位

设计单位主要负责建筑的初步设计、深化设计、施工图设计等，设计方案不仅要满足设计任务书的要求，还要协同考虑各参与方的需求。设计方要对建筑的户型与构件进行详细设计，其主要的受限因素来源于建筑功能性需求、经济性需求、建筑外观与施工技术的要求。

①功能性需求。设计任务书对建筑的环保节能、建筑防水、室内采光、保温隔热等方面都做出了相应的功能性要求，设计方的设计方案同时也必须满足业主对建筑性能的要求。

②经济性需求。经济性指标主要指建筑楼层数量、建筑面积、建筑高度、容积率等，设计单位需在满足建筑的经济性指标的前提下进行优化。

（2）构件厂

构件设计的合理性直接影响着构件厂的生产效率与生产难度，与传统施工相比，装配式建筑的构件须在构件厂进行生产，其中涉及一系列的工序，如构件模具的设计，钢筋下料，管线的预埋，孔洞的预留，混凝土的浇筑、养护、脱模等，各工序之间紧密结合并相互关联。构件厂的生产质量取决于预制构件的种类、尺寸大小与质量等与构件厂的资源是否匹配。

构件厂在设计时只考虑其技术限制。技术限制一般是指生产台模大小与起重设备等。若设计构件尺寸过大，超过了构件生产设备的最大尺寸，则构件无法进行生产，且需要重新购买新的设备或重新进行构件拆分，造成成本上升与工期的延误，因此构件在设计过程中应提前考虑构件厂生产设备的限制；同时构件的设计还需考虑构件在吊装过程中遇到的问题，如需考虑塔吊及其他吊装设施的承载能力与便利性，所设计构件过大，将增加吊装难度甚至发生一些安全问题。

（3）物流单位

物流单位要想使构件能顺利运输，也要考虑许多限制因素，若构件在设计时没有考虑到运输过程中的限制，将出现构件设计与实际运输冲突的问题，需要重新设计路线或进行设计变更，在这个过程中，将造成人力、物力与财力的损失。物流单位的受限主要考虑交通受限与车辆受限。

①交通受限。交通受限一般是指在构件运输过程中沿途交通的限高、限载与限宽等。构件的设计方案应充分考虑构件厂到施工现场之间道路的限高、限宽等限制因素，避免由于构件过高或过重而不满足沿途交通的要求，从而影响构件的运输实施。

②车辆受限。车辆受限主要是指构件在设计过程中需考虑运输单位中车辆的宽度、承载能力等因素。在进行构件拆分设计前，需调研好物流单位车辆的大小尺寸、以及各自的承载能力，避免在施工时才发现运输车辆不满足要求，在这种情况下，项目的整体进度将会受到影响，因此在设计时需要把这些因素考虑进去。

（4）施工总包单位

施工总承包单位的主要任务是完成装配式构件的顺利安装。这就需要对设计方案中构件的种类、尺寸与质量进行综合考虑，使得设计构件与施工的限制相协调。施工总承包单位的受限因素主要考虑技术受限。

施工总承包单位技术受限主要来源于设备承载能力与构件本身承载能力等。若构件过大，则对吊装设备的要求变高，构件拆分方案设计同样要考虑塔吊的最大半径与构件质量之间的关系。若构件的质量超出设备的承载能力，将导致构件无法起吊，进而影响项目的整体进度；同时构件在堆放与吊运过程中，很有可能由于构件过重，导致承受压力过大，造成构件的内部损伤，从而影响构件本身的质量，因此，构件的拆分应在合理的范围内进行。

2．拆分原则的确定

（1）墙体的拆分

国内装配式建筑的墙体主要有三种形式，分别是一字型、L型与T型。由于考虑到开间进深的视觉效果，长度不宜超过5m，面积不宜超过15m²。对T型墙体与L型墙体一般按异形构件处理，可拆分成两个一字型墙体或根据一字型剪力墙留出的空隙进行建筑处理。

外墙的拆分原则：

① 边缘构件现浇，构件在边缘拆断。

② 构件尺寸小于最大尺寸要求。

③ 梁带隔墙构件不宜在梁处拆断。

④ 墙类构件平直，不宜出现转角。

⑤ 100 mm保温板可作为剪力墙现浇段外模板。

⑥ 保温部分应平直，不宜出现转角。

⑦ 保温板断点应尽量等分，避免个别保温板出现过长的挑出长度。

⑧ 异形剪力墙可以拆分成两个一字型墙体或根据一字型剪力墙留出的空隙进行建筑处理。

内墙的拆分原则：

① 按外墙拆分原则拆分剪力墙、梁带隔墙。

② 小于1 m的剪力墙宜采用现浇。

③ 预制隔墙不应大于最大构件尺寸。

④ 预制隔墙应平直，不宜出现转角。

⑤ 门洞应留有100 mm以上的门垛。

（2）楼板的拆分原则

① 叠合梁上部现浇，楼板在梁处拆断。

② 卫生间/阳台/厨房标高下降，应独立拆分。

③ 叠合楼板尺寸不应大于构件最大尺寸。

④ 楼板拆分时规格种类应尽可能少。

⑤ 卫生间等降板区域整分，不宜采用折板。

⑥ 楼板种类应尽可能少，楼板宽度尽量统一。

⑦ 叠合梁存在现浇区域，预制楼板在叠合梁处拆断。

（3）节点处理

在剪力墙的外墙节点设计中，相邻的墙体之间通过现浇的方式连接，竖向采用套筒灌浆的方式连接，各层之间采用连续后浇带的方式连接。内墙采用套筒灌浆的方式连接，边缘构件采用现浇的方式连接，为保证项目建筑的整体性，墙体的节点连接主要采用以下原则：

① 尽量设置为"一"节点。

② 对于T节点，宜在垂直面上突出100mm墙体，避免在剪力墙侧边开设企口。

③ 对于有现浇段的连接节点，其两边构件端部均只设置粗糙面和抗剪键，不预留上下贯通的凹槽企口。

④ "一"节点，需注意在现浇段两侧墙体上预留对拉螺杆洞或三阶卡洞；其他形状节点中，如一侧墙肢较短，则可以在现浇段中预留。

在叠合板的节点构件设计中，楼板主要分为130 mm与170 mm厚两种形状，对应的预制板的厚度分别为60 mm与80 mm，装配式建筑楼板的拆分不宜在最大弯矩处进行。各板的连接需要增加钢筋，提供建筑的整体性。

（三）深化设计协同方案研究

在深化设计阶段，设计单位就施工总承包方、构件厂、物流单位在审查施工图设计模型时反馈的意见与建议进行深化设计达到初步深化设计模型，给业主进行审批，业主审批后把初步深化设计模型发给施工总承包方，施工总承包方的BIM团队对土建、给排水、机电等专业进行深化设计，即进行碰撞检测，并把问题与优化的结果反馈给设计单位，设计单位进行审核无误后，进行构件的深化设计。在构件深化设计过程中，构件厂根据构件的生产工艺，提出相应的构件生产深化需求；物流单位根据运输过程所需的预埋件，提出相应的构件运输深化需求；施工总承包方根据构件的施工工艺与流程，提出与构件施工相关的深化需求。设计单位根据各参与方提供的深化设计需求，进行进一步深化设计，紧接着把深化设计模型发给构件厂、物流单位、施工总承包单位，各参与方进行深化设计模型的审核，检查其中预埋深化的碰撞、错误、遗漏等问题，并把检查结果反映给设计单位，设计单位进行修改，直到满足各参与方的深化需求为止。

深化设计是在各方的需求下，设计单位不断进行调整与深化，最后得到一个各方都满意的深化设计模型的过程，以期解决生产、运输与施工过程中可能出现的问题。

1. 碰撞检测与模型优化

施工方首先根据设计单位的施工图模型进行综合管线的布置，把建立好的Revit

模型导入Navisworks进行碰撞检查，包括预制构件模型之间、预制构件模型与外露钢筋之间、两块预制构件中外露钢筋之间的碰撞检查以及机电管线与构件模型之间的碰撞。然后根据碰撞报告进行设计深化模型的校核。最后输出相应的机电管线深化模型、土建专业深化模型等。

2．预制构件深化设计

预制构件的深化设计主要分为两步：第一步进行施工图图纸的深化设计，这一步在碰撞检测与优化过程中，即把管线之间以及管线与结构之间的碰撞问题提前解决，但对于户型内水电管线的预埋深化设计还未完成。第二步是进行构件加工图图纸的深化设计，主要指构件拆分后的连接，即竖向构件的细部构造连接，以及与生产、运输、施工相关的预埋件的深化。深化设计的两步要求如下：

① 施工图纸的深化设计主要有水电管线、洞口预埋的深化，每一个构件都不能出错，都要有自己的构件编号，构件内部的钢筋、管线等不能出现碰撞，设计人员应仔细审核每个构件，防止错误、遗漏以及碰撞等问题的出现。

② 构件包括构件施工的套筒连接件、生产用的脱模件及运输与施工用的起吊件等，要求生产人员能清楚地描绘每个构件不同预埋件的位置以及不同构件之间的生产工艺与装配运输方案。

因此设计人员在进行深化设计时应充分考虑各参与方在构件安装施工过程中、运输过程中以及生产过程中的预埋深化需求。

另外，设计人员利用PKPM软件进行装配式构件的预埋件布置，包括连接用预埋件、支承用预埋件、起吊用预埋件、脱模用预埋件及管线、线盒等。为了提高深化设计效率，他们需要提前根据项目的需求，建立预埋件相应标准模型库，如起吊器具、预埋套筒、波纹管等预埋件，以及斜撑、七字码等安装构件，以便在模型深化过程中直接调用，节约大量时间。同时可通过软件出图功能，一键生成构件加工图，提高深化设计的效率，方便构件厂生产施工。

第三节　基于BIM的装配式建筑施工阶段协同管理体系

一、施工阶段总体协同流程设计

（一）施工阶段协同的主要参与方与工作任务

施工阶段主要是由施工总承包方作为主导方，需要对现场工程项目的进度、质量与安全进行管控。在项目中，需对不同的参与方与不同部门进行任务分配，各参与方与部门在施工阶段的任务如下所示。

1. 施工总承包方

在施工过程中，进行进度、质量、安全管理。主要涉及工程部、质量部与安全部这三个部门，其主要的工作任务如下：

工程部需要管理好现场的进度，协同各分包单位进行穿插流水作业，同时制订好进度计划，并与构件厂、物流单位进行协调，让各参与方及时了解现场的进度。

质量部需要了解每个时间段所需要做的工作，各时间段的重点施工工艺，提前进行技术交底，减少施工过程中质量问题的发生，同时需要对现场的质量问题进行及时跟踪与整改。

安全部需要提前了解施工现场的情况，发现不同时间段的安全隐患，进行安全防护的布置，通过安全施工交底进行安全教育，以及对现场进行信息化监控，避免安全事故的发生。

2. 构件厂

构件厂根据各工程部提供的进度计划制订相应的生产计划，同时需要及时了解现场的进度与构件厂自身的库存情况与现场的场地构件堆放情况。

3. 物流单位

物流单位根据构件厂的生产计划与工程部的构件需求计划制订构件的运输计划，构件的运输计划随着工程项目的进度进行不断的调整，需要及时了解现场的施工进度情况与构件的堆放情况。

4. 监理单位

监理单位负责监督现场的进度、质量与安全，发现问题及时向业主单位汇报，并督促施工人员进行整改。

（二）与协同相关的主要工作

1. 进度计划的协同

近年来，随着建筑往超高层方向不断发展，我国装配式建筑存在工期紧张、工作类型较复杂、施工效率低等问题，因此需要利用信息化技术，实现施工阶段各工作之间的协同作业。与传统的施工方法相比，穿插法施工具备独特的优势，能缩短项目的施工周期，对各工种进行高效的集成化管理，充分利用各工作面与工作人员。

穿插流水作业涉及很多参与方，主要是施工方各专业分包之间的协同，以及构件厂与物流单位与施工方的计划相协调。由于工序与人员较多，对管控的要求十分高，因此需要对工序进行细分以及对工作流程进行细化处理。在实际项目中，如何运用穿插流水技术协调各单位的工作任务是核心问题，在传统的二维图纸上难以进行时间与空间的分析，而BIM技术的运用，其可视化功能可以有效地实现施工的空间可行性以及安全性问题的分析。

2. 质量管控

质量管控需要依据工程部建立的4D模型对不同时间段的质量控制要点进行分

析，然后根据分析结果进行重点施工工艺的模拟与交底。一方面应与安全部协同工作，共享信息化成果；另一方面向工程部反映相关情况，注意现场实际施工过程中的要点，除了事前进行控制外，在施工过程中也应对现场进行质量管控。目前装配式建筑在质量管控中仍存在以下问题：

① 施工现场质量安全反馈信息不及时、不准确。在目前装配式建筑施工过程中，业主单位进行质量检查时，通常是把项目中存在的问题用手机或其他移动终端拍照或用笔记本记录。业主方需要回到办公室再进行汇总整理，以文档的形式发整改通知单给施工单位。这种方式存在两个问题，一方面是时效性问题，另一方面是准确性问题。

② 现场的材料质量追踪困难。材料是工程项目实体的重要组成部分，是工程的物质基础，建筑项目质量的好坏取决于工程材料的质量。因此只有项目材料的质量符合设计规范要求，工程项目的质量才能有保障。在工程项目整个施工过程中涉及非常多的材料，但难以追踪，当施工单位使用不合格的材料时，就容易造成工程质量不合格。因此在材料管控方面，需要对现场使用的材料进行跟踪，增加材料的透明度，对材料的来源和去向都进行清晰记录，保证项目整体的质量。

③ 现场工人素质低。影响施工现场质量的主要因素还是人。装配式建筑是最近几年开始才快速发展的，很多现场施工人员对施工图纸理解不足、对施工工艺的熟悉程度与操作水平都比较低，再加上项目的进度较紧张，因此需要对现场施工人员进行快速高效的培训。而传统的基于二维图纸的培训，可视化程度低，工人理解起来较为困难，因此亟须一种高效的方法，让工人快速了解新工艺以及具体的操作流程、厘清各工序之间的逻辑关系，防止返工现象的发生。

3. 安全管控

施工总承包方安全部在施工前应根据工程部建立的4D模型，进行各时间段的安全分析，分析完后对存在安全隐患的地方进行记录，并建立相应的安全模型。还可结合工程部的场地模型与质量部所制作的模型，经过修改调整，利用VR技术组织现场的施工人员进行安全交底。除了进行安全交底外，还需对现场的塔吊施工过程进行分析，了解现场的人员组织。在装配式建筑安全管控中仍存在以下问题：

① 施工人员安全意识淡薄。目前装配式建筑施工人员的安全意识较薄弱，导致了很多安全事故的发生。现场不戴安全帽、危险作业不戴安全带的现象经常出现，因此需要增强提高工人们安全意识的方法与手段，提高现场的安全管理的水平。

② 现场的监管不足。由于现场的施工人员较多，难以进行实时监督，工地周围的环境又比较复杂，当外来人员进入工地现场时，容易造成安全隐患。同时现场施工人员进行危险作业时，由于场地较大，难以发现其中的施工人员的危险行为，不能及时阻止，可能会导致安全事故的发生。

③ 特种设备操作过程存在安全隐患。如塔吊在操作过程中，可能由于操作人员的一时失误导致塔吊与塔吊设备之间的碰撞，发生严重的安全事故。同时现场的操

作人员有可能是未获得相应的执业证书就直接操作。

针对以上安全问题，亟须一种高效的手段进行装配式建筑现场的安全管理，如对施工人员进行人脸识别、现场跟踪定位，以及对现场的特种设备进行实时跟踪，进行安全预警等。

（三）施工阶段各参与方协同架构设计

施工阶段主要由施工总承包方进行现场的进度、质量与安全管理，其中在进度协同过程中主要解决施工方内部与外部的协同，涉及施工总承包方的工程部对不同专业组织穿插流水作业，在深化设计模型的基础上进行4D模型建立，在建立4D模型后，进行时间与空间分析，分析施工工序之间的合理性等内容。构件厂在工程部做好4D模型之后，根据现场的施工进度计划，利用BIM技术进行生产计划的编制与生产模拟优化。物流单位根据构件厂的生产计划与工程部建立的4D模型，进行运输计划的编制以及优化构件装车方案。

质量部在工程部建好的4D模型基础上，通过对时间与空间的分析，对重点施工工序进行施工模拟，输出相应的模型与施工模拟视频，进入质量部下一阶段的虚拟样板展示，然后将建好的样板模型与施工工艺模拟视频导入手机端与工地现场的样板展示区中的计算机中。质量部在建立质量模型与视频的基础上，还可利用4D模型进行现场的实时质量反馈，上传到云端，供业主与其他部门了解现场的质量情况。

安全部在获得4D模型后进行各时间段的分析，对各时间段中容易出现安全问题的部位进行安全监控。同时对于塔吊的分析，也是通过4D模型进行的，主要检查各塔吊之间在不同时间段内，有没有发生碰撞的可能性，对有可能发生碰撞的塔吊，可利用传感器等进行监控。为确保施工过程中不发生安全事故，安全部还需要对现场的施工人员进行VR安全交底以提高工人的安全意识。VR模型的建立可利用工程部的场地模型、建筑模型与质量部所制作的一些施工工艺模型与视频。

二、施工阶段的BIM协同实施方案设计

（一）进度协同管理BIM实施分析

进度管理是施工总承包方管理中的核心工作之一，与传统的二维的进度计划相比，运用BIM技术建立4D模型，便于总承包单位对工程项目总体进度进行把控。在大量进度任务并行或交叉工作时，施工进度模拟的三维可视化及信息协同作用尤为显著，可辅助项目进行进度分析与优化，当进度滞后时，还可调整，确保进度管理的顺利进行。

在施工过程中，进度协同管理主要涉及施工总承包方、构件厂、物流单位、监理与业主，业主与监理在进度管理过程中主要起到审查与监督的作用，因此进度协同主要考虑的是施工总承包内部以及与构件厂、物流单位之间的协同。总承包单位

工程部根据编制依据以及相应的设计图纸与进度要求进行进度计划的编制，为了加快施工进度，进行多专业的穿插流水作业，编制完成后，不同参与方需要进行不同的方案模拟分析，满足施工总承包方的进度计划。在这个过程中，各总承包方工程部人员需建立4D模型，进行多专业穿插流水作业的可行性分析，如土建、机电、精装等专业之间能否进行协同作业；构件厂利用设计阶段深化模型与4D模型进行PC构件生产模拟与优化；物流单位在施工方与构件厂的计划基础上进行运输模拟与优化，最后输出运输的优化方案。

1．各参与方信息协同需求分析

（1）施工总承包方进度协同信息需求分析

工程部在业主给定的进度计划的基础上进行年度、月度计划的编制。同时在进度计划的实施过程中，需要根据施工过程中的实际吊装速度、施工现场的场地情况、构件厂的库存情况与生产速度、运输单位的运输方案与运输速度等因素进行不断调整。施工总承包协同信息需求如表7-2所示。

表7-2　施工总承包协同信息需求

部门	需求信息	输出信息
项目工程部	① 构件厂的生产速度与实际生产情况； ② 物流单位的运输计划与运输速度； ③ 现场的施工场地库存与构件厂的库存情况； ④ 场地的实际施工状况	① 施工进度计划； ② 构件的需求计划； ③ 吊装的实际进度与速度（实时BIM模型）； ④ 阶段性场地模型； ⑤ 构件的深化设计模型
项目物资部	① 构件的吊装计划； ② 构件厂的生产进度与生产速度； ③ 物流单位的运输方案； ④ 构件的深化设计模型与质量标准	① 构件的采购计划； ② 构件的场地库存分布情况； ③ 构件的入库情况

工程部信息需求分析：

① 构件厂的生产速度与实际生产情况。工程部通过了解构件厂的实际生产进度和生产情况可预测未来一段时间内生产计划是否能满足未来施工的要求，若发现问题及时进行反馈。

② 物流单位的运输计划与运输速度。工程部通过了解运输方的运输计划与运输速度，可判断未来一段时间内构件厂的构件运输量是否能满足现场吊装施工的进度要求。

③ 现场的施工场地库存与构件厂的库存情况。工程部通过构件厂库存情况的分析可判断未来一段时间内，构件的库存量是否能满足现场的施工进度需求。通过对现场的库存状况与现场吊装速度的分析，判断运输方运输方案的合理性。

④ 场地的实际施工状况。工程部根据施工现场的实际情况协调物流单位进行构

件的合理布署，避免二次搬运，造成构件损伤与成本增加。

物资部信息需求分析：

① 构件的吊装计划。物资部编制采购计划是在工程部制订的吊装进度计划的基础上进行的，同时需要考虑现场的库存与场地情况。只有在满足现场条件与吊装进度计划的基础上编制采购计划才具有合理性，避免构件的采购量不足或过多。

② 构件厂的生产进度与生产速度。构件厂的生产进度与生产速度是未来一段时间构件产量是否满足现场吊装计划要求的依据，若发现其中存在着影响施工进度的可能，应及时与生产单位进行沟通与协调，保证现场的施工进度。

③ 物流单位的运输方案。运输方案是物资部判断场地内运输车辆的运输路线与运输车辆进出场规划合理性的依据，避免现场运输混乱。

④ 构件的深化设计模型与质量标准。在构件进场前，物资部需要熟悉构件深化设计模型与图纸，检查进场构件的施工质量是否符合构件的设计要求，符合条件的构件才能进场。

（2）构件厂的协同信息需求

构件厂的主要任务是在满足施工方采购计划的基础上进行生产计划的制订，同时需要考虑分析自身的库存状况以及施工现场的库存情况，提高构件堆场的周转速率。构件厂的协同信息需求如表7-3所示。

表7-3　构件厂协同信息需求

部门	需求信息	输出信息
生产部	① 施工总承包方的采购计划与构件厂的库存状况； ② 构件生产资源需求情况； ③ 深化设计模型与图纸； ④ 构件相关的质量检查标准； ⑤ 二维码的制作要求	① 构件的生产计划与生产进度； ② 构件的生产速度； ③ 构件的质量检查报告与合格证书
仓库管理部	① 施工总承包方的吊装速度与场地情况； ② 施工总承包方的采购计划； ③ 生产部的构件生产计划与实际生产进度； ④ 物流单位的实际运输速度	① 构件的出入库管理记录； ② 构件的场地库存情况； ③ 构件的出库计划

生产部的信息需求分析：

① 施工总承包方的采购计划与构件厂的库存状况。生产部只有在了解施工总承包方的采购计划与自身库存情况的基础上，才能根据本部门的实际生产速度，编制合理的生产计划，合理安排施工，避免赶工或窝工现象的发生。

② 构件生产资源需求情况。生产部需要根据进度计划提前编制好未来一个月或一周时间内的物料需求计划，提前与钢筋厂、水泥厂、模具厂以及其他的一些单位供应商沟通好，避免后续施工过程中，物料供应不足的现象发生。

③ 深化设计模型与图纸。生产部需要在施工前，熟悉构件的深化设计模型与图纸，即熟悉其中的预埋件、钢筋尺寸、保护层厚度等参数。深化设计模型是构件厂构件施工质量的保证，同时为优化构件生产方案提供依据。

④ 构件相关的质量检查标准。生产部需要了解构件厂在施工过程中，哪些工艺是需要进行检验后才能进入下一道工序，以及需提交哪些质量检查资料，才能满足构件出厂的要求。

⑤ 二维码的制作要求。生产单位在生产构件过程中，需利用二维码输入构件的相关属性，如构件的名称、构件位置、进出场时间、所属楼栋等信息，这就需要项目工程部提供相应的二维码信息编辑要求，确保构件信息的唯一性以及可编辑性。

仓库管理部的信息需求分析：

① 施工总承包方的吊装速度与场地情况。通过了解施工场地实时情况，并结合施工方的构件吊装速度，仓库管理部可进行构件出库计划的验证，若发现问题，需要及时地调整构件厂的出库计划以及反馈到构件生产部及时调整生产计划。

② 施工总承包方的采购计划。施工总承包方采购计划是库存计划与生产计划的编制基础，仓库管理部在计划执行过程中同时需要根据现场的构件施工进度与场地情况提前预测采购计划的变更，做好库存计划与生产计划的调整准备。

③ 生产部的构件生产计划与实际生产进度。仓库管理部需要提前了解生产部的构件生产计划与构件生产实际进度，从而预测构件生产的数量，提前规划好构件的堆场，合理、有序地进行构件排布，提高场地的周转速度。

④ 物流单位的实际运输速度。仓库管理部在了解物流单位的实际运输速度的基础上，可提前分析运输单位的速度能否与构件的出场速度与生产速度相匹配，发现问题可提前进行计划的变更与调整，以及向物流单位进行反馈，加快场地的周转速度。

（3）物流单位的协同信息需求分析

运输方的主要任务是根据施工总承包方的进度计划，保证现场构件的及时供应，以及根据现场施工的实时进度情况、场地情况合理规划运输车辆、运输路线、构件的运输数量、运输时间等，同时需要了解现场的构件库存情况及时优化构件运输方案。运输方主要的协同信息需求如表7-4所示。

表7-4　物流单位协同信息需求

参与方	需求信息	输出信息
物流单位	① 施工总承包方的构件需求计划； ② 施工总承包方的吊装速度与进度计划； ③ 施工现场的场地平面布置情况； ④ 构件厂的库存情况与生产速度	① 运输方案与运输计划； ② 构件的实际运输速度

① 施工总承包方的构件需求计划。施工总承包方的构件需求计划是物流单位制定运输方案的前提条件，采购计划对构件的数量、类型、型号、施工时间都做了明

确的规定，也是物流单位运输的依据，可对运输路线、时间、车辆的选型等进行规划。

② 施工总承包方的吊装速度与进度计划。物流单位根据现场的实际进度情况进行构件运输方案的调整与优化和运输计划的实时更新，灵活应对现场计划的偏差。

③ 施工现场的场地平面布置情况。通过对现场平面布置情况的观察，物流单位可提前规划好构件的运输路线，避免二次搬运，以及分析现场的场地条件是否满足构件运输计划的要求。

④ 构件厂的库存情况与生产速度。物流单位通过对构件厂的库存状况与构件生产速度的分析，可提前判断未来一段时间内，构件厂的进度是否满足运输方案的需求。

各参与方根据信息需求与信息输出的要求，可基于BIM协同管理平台进行信息的上传与下载，使各参与方实时了解构件的实际生产进度、吊装进度、出入库情况、运输方案等信息，构件厂、施工方、物流单位可根据相关信息进行计划的编制、调整以及方案的优化，并能提前发现问题，及时反馈给相应的参与方，实现各参与方计划的协同，优化施工吊装方案、运输方案、生产方案。

2．各参与方基于BIM的协同管理

（1）施工方进度协同管理

施工总承包方工程部在深化设计完成后，取得设计阶段的深化设计模型，根据项目的工期要求与编制依据，进行装配式建筑穿插流水进度计划的编制，并根据各专业参与方工作量与时间的关系进行计划编排，这个过程需要构件厂与物流单位的配合。施工总承包方工程部在进行施工组织计划安排过程中，需要对项目的整个施工过程进行分析，分清哪些是关键线路上的工作，哪些是非关键线路上的工作，尽量使每一层的工作量相对均衡，确保每层的流水节拍一致，这样就可以使各分包单位的工作时间更加合理，避免各分包单位过早入场而导致怠工，过晚进场而导致误工的现象发生。

施工总承包单位完成装配式建筑施工组织计划后，为了保证各分包单位在时间与空间上不发生碰撞，可利用BIM技术中的可视化功能与4D模拟仿真技术，检测在某个特定时间和水平空间上各工作之间是否存在着工作面交叉的现象。

施工方可利用Project软件进行各工序之间的排序，导出csv格式文件，然后导入Navisworks软件中将建筑中的构件添加到选择集，利用Timeliner功能把进度计划与对应构件的选择集进行链接。如在模拟施工吊装过程中，可分析吊装施工过程中，墙板铝模的安装、节点处水电管线的预埋、钢筋的绑扎、斜撑的安装各工序在水平方向上是否存在冲突。

工程部可通过二维码技术进行构件进度信息实时反馈。由于二维码可与装配式构件一一对应，在构件出场前，通过打印出各个构件与物料对应的二维码，并将其粘贴在预制外墙等构件上，可以对现场的物料进行跟踪管理。

（2）构件厂进度协同管理

构件厂在进度协同过程中，应根据施工方的进度计划与4D模型、设计单位的深化设计模型进行构件厂进度计划的编制，最后输出构件厂的进度计划，利用设计单位的深化设计模型模拟构件生产。由于构件的种类与数量较多，生产的组合方式也形式多样，因此可利用BIM模型进行模拟分析，从而实现不同生产方案之间的比对，输出最优方案。在项目实际施工过程中，实际进度与进度计划之间会有偏差，构件厂可通过云平台及时了解现场的实际施工进度，进行构件生产计划调整。

构件厂应将自身的生产能力、生产模具尺寸大小与构件生产计划上传至云端，让施工方与物流单位及时了解构件厂的生产能力与计划，减少信息不协同导致的冲突，各参与方在平台中，发现计划编排有问题的地方，及时纠正，避免到了后期施工过程中，才发现计划之间的冲突。

构件厂在生产完毕后，需要扫描生产完的构件，输入构件尺寸、类型、编号等信息，同时应将构件的出入库信息上传到云平台中，供各参与方了解，为后期的运输、安装提供参考。

（3）物流单位进度协同管理

物流单位进行了运输计划的编制与优化后，施工总承包单位获得其进度计划与4D模型、构件厂的生产计划、设计单位的深化设计模型等信息。物流单位根据施工方与构件厂的进度提前编制运输计划，在实际工程中，由于实际进度与计划进度存在差异，因此需要及时了解现场的实际施工进度与施工场地的大小，进一步进行进度计划的优化与协同。

同时物流单位还应进行构件运输的优化，利用Navisworks软件进行运输方案的模拟。模拟过程中考虑构件的质量与尺寸，在满足道路与车辆限重、限宽、限高的情况下，优化存放工装提高满载率（见图7-7）。另外在构件生产前就要设计好装车方案，包括运输时间、次序、线路、车体平衡性，并及时了解施工现场的场地情况，根据施工总承包方提供的场地布置合理地放置构件，尽可能杜绝二次转运。

图7-7　装车模拟

同时在进度管理中，需要及时了解构件的进度信息，即通过扫描二维码或RFID标签，对预制构件生产质检、出厂、运输、进场的整个流程进行跟踪管理，根据现场吊装施工的速度与场地情况实时调整运输的速度，同时利用二维码或RFID技术确定构件的运输速率。

构件运输需要注意的事项如下：

① 预制构件混凝土强度达到设计强度时方可运输；

② 运输前应进行安全技术交底；

③ 运输构件车辆应满足构件尺寸和载重要求，大型货运汽车装载构件高度从地面起不准超过4m，宽度不得超出车厢，长度不准超出车身；

④ 施工现场严禁掉头，宜设置循环线路；

⑤ 运输跨度长的构件应考虑设置水平支架；

⑥ 构件与链索接触部位和构件边角部位应采用柔性支垫保护、支撑牢固，不得有松动。

（二）集成化管理

集成化管理主要是质量部与安全部对现场的质量与安全进行的集成化管理。施工阶段的质量与安全协同管理是工程部在制定进度时建立的4D模型上进行的，在进度计划确定的前提下，质量部门利用4D模型进行施工过程的模拟，提前发现施工过程中的关键节点与施工中容易出现问题的地方，进行施工工艺模拟，同时利用设计单位的深化设计模型与技术部制作的有关模型进行动态样板的展示。安全部则在工程部建立的4D模型基础上进行分析，并利用技术部与安全管理相关的BIM模型进行VR可视化安全交底。在施工过程中，监理利用云平台进行现场质量与安全状况的跟踪管理，若发现问题，及时将信息反馈回云端，让各参与方及时了解现场的情况，督促施工方进行整改，进而提高现场的施工质量与安全。

各参与方的质量与安全协同管理的主要BIM应用如下。

1. 施工工艺模拟

施工工艺模拟是施工总承包方质量部门在设计单位的深化模型与工程部4D模型的基础上进行的。

在施工过程中，对于现场机械化拼装施工而言，构件的安装质量与装配式建筑整体的结构稳定性、墙体的隔热隔音、屋面的防水效果等息息相关。利用BIM的4D模拟技术，可以在原有模型的基础上关联进度计划，生成4D施工模拟动画，模拟真实的施工场景、进度及施工状况，每个预制构件的施工工艺流程可以形象、具体地通过可视化的方式表达出来。在BIM模型的基础上对复杂节点进行可视化交底，施工人员能够清楚地了解预制构件的拼装顺序，更加直观地认识构件钢筋与现浇部分钢筋穿筋节点的位置关系，有利于预制构件的现场拼装，同时可提高构件的安装质量（见图7-8）。

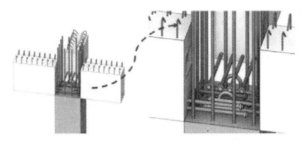

图7-8 构件节点

2．现场质量安全问题的管控

BIM技术可以很好地进行质量与安全的纠偏管理，保障项目的质量与安全。BIM技术应用于质量与安全管控主要是利用手机等移动端设备把质量与安全信息数据与BIM模型的建筑构件相关联，重点控制构件与材料的质量和施工工序质量以及现场的安全，把BIM模型的质量与安全信息数据作为质量与安全管控的依据。

3．虚拟样板展示

质量部在制作动态样板时，可利用施工工艺模拟过程中产生的模型文件与视频文件以及设计阶段的深化设计模型，有些样板文件比较特殊，可另外制作。传统的施工样板具有占地面积大、成本高、重复利用困难等问题。而施工方利用Revit软件建立的施工现场的虚拟样板模型，具有可触摸屏幕，工人可根据自己需要就地查看相关施工工艺的施工过程，同时可下载模型到自己的手机进行观看，可随时随地、多方位、多角度地观察模型，提高现场施工效率。

4．VR技术安全培训

安全部获得4D模型后进行安全分析，根据项目的实际情况，编制好安全管理策划后，需要对现场的危险源进行安全交底，如常见的高空坠物、触电危险、基坑坍塌、洞口防护等，提高现场施工作业人员的安全意识。安全部还可利用工程部建立的4D模型与质量部建立的工艺模拟模型，根据需求进行相应的修改，制作VR安全交底的模拟文件，导入VR设备中，安排现场施工人员进行安全交底。通过VR对施工现场坍塌、火灾等安全事故的场景模拟，让他们意识到安全的重要性，激发现场施工作业人员对安全教育的兴趣，解决传统安全交底不及时、针对性不强等问题。

（三）智能化监控

施工总承包方安全部门在安全管理中，利用工程部建立的4D模型，通过对不同时间段的施工状态进行安全管理，发现不同施工过程中存在的安全问题，对现场存在重大安全隐患的地方进行现场监控，提前进行安全事故的预防。同时通过4D模型对不同时间段的观察，分析施工阶段的塔吊与塔吊之间是否存在碰撞的可能，进行塔吊的安全监控管理。从人员预防安全事故的发生角度，可以科学的技术手段协助安全管理，现场还可以利用传感器、摄像头、智能安全帽等进行协助管理，实时监控工人的状态与现场的施工情况，发现危险及时提醒施工人员，避免安全事故的发生。

1. 现场安全监控

装配式建筑通常在施工过程中产生较多的交叉行为，对于临边洞口防护不及时的问题，可利用4D模型进行阶段性分析，提前发现现场的安全隐患，并提前进行防护与监控管理。同时可通过物联网、互联网与云计算技术进行现场施工与管理人员的实时监控，通过智能安全帽（见图7-9）进行现场人员的定位监控，若存在危险行为，可通过监控室进行提醒对应人员，同时对班组与分包的监控有利于加强施工作业人员的管理，解决劳动纠纷等问题，有效地提升项目上的安全管理水平。

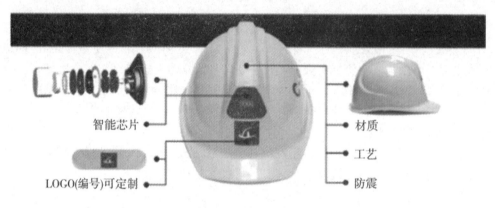

图7-9　智能安全帽

2. 塔吊安全监控

施工总承包安全部利用工程部在进度协同管理产生的4D模型，进行不同时间段的塔吊安全性分析，提前进行塔吊施工的安全监控，阻止安全事故的发生。塔机监测仪是在全方位保证塔机安全运行的情况下，建立的全新安全智能化塔式起重机监测预警系统，包括塔机区域的防碰撞、超载、防倾翻等安全防护功能，为塔机在安全状态下进行制动控制提供实时预警，这是现代化建筑重型机械群中的一种集精密测量、人工智能于一体的安全防护设备智能控制系统。

通常装配式建筑在施工过程中，建筑物的间距较小，各塔吊在施工过程中可能发生相关碰撞并引起重大的施工安全事故。为防止此类问题发生，在吊装施工过程中，需要利用传感器技术、数据采集等技术对塔吊安装安全监控管理系统，即将云平台中的BIM模型与施工的实体模型衔接，从而对塔吊的运行轨迹进行实时监控。当不同塔吊的吊臂间距小于一定范围时，系统会通过报警的方式提前告知工作人员，从而实现塔机参数终端显示、防限位、防碰撞、监测受力、高度等功能。另外物联网技术还可对现场大型施工设备实施实时监控，如塔吊风速等，一旦超出预设标准即可报警停止作业，以确保现场安全施工。同时还可通过网络全覆盖及安装无线摄像头的方式实现吊钩可视化的功能。

第八章　基于超高层建筑设计的 BIM技术应用

近年来，随着我国社会经济和科学技术的不断提高，超高层建筑在全国各地如雨后春笋般发展起来。超高层建筑的建筑规模、功能需求在不断变化，建筑高度不断增加，建筑形状奇特，使得建筑越来越复杂，这就造成在建筑设计过程中会出现各种技术问题，而BIM技术在超高层建筑设计中的应用，可以很好地解决这些问题。

第一节　项目概况

一、项目简介

本工程名称为某科技园A1#楼项目，位于安徽省合肥市高新区。

某科技园A1#楼项目概况如表8-1所示，项目效果如图8-1～8-3所示。

表8-1　某科技园A1#楼项目概况

项目	说明
建筑面积	总面积：112821m² 地上面积：89334m² 地下面积：23487m²
建筑高度	主体办公楼40层顶：176.7m 建筑最高点：196.8m
结构形式	钢筋混凝土框架-核心筒结构
地上建筑功能	1层为大厅、要素交易市场，2层为要素交易市场，3～4层为办公、体育配套，5～40层为办公，其中11层、23层、33层为避难层，每层办公楼层均设有电梯、楼梯、卫生间等功能间及辅助设备用房，还设有无障碍卫生间

图8-1　某科技园总平面图

图8-2　某科技园俯瞰图

图8-3　某科技园A1#楼效果图

二、项目BIM应用点

针对项目的具体工程特点，确定表8-2中八个方面为此工程的BIM应用点。

表8-2　某科技园A1#楼项目BIM应用点

序号	工程重难点	BIM应用点	主要BIM应用软件
1	参数化设计和建筑可视化	建立BIM模型	Revit

序号	工程重难点	BIM应用点	主要BIM应用软件
2	设计管理困难	BIM协同设计	Vault
3	空间碰撞问题多	BIM碰撞检查和管线综合	Navisworks
4	钢结构工程复杂	BIM钢结构深化设计	Tekla Structures
5	结构钢筋工程复杂	BIM钢筋深化设计	Revit
6	容易出现图纸错误	BIM施工图输出	Revit
7	工程量难以统计	BIM工程量统计	Revit
8	钢结构安全性评估	BIM钢结构有限元分析	Midas Gen

第二节　建立各专业BIM模型

一、BIM建筑模型

在传统建筑专业设计绘图过程中，如果想要表达同一个建筑构件，二维CAD需要平面图、立面图、剖面图等多张视图才能将构件完整表达，这种方法工作量大且重复率高，从而导致设计人员工作内容多和效率低。而且二维CAD软件功能并不智能化，只能单一编辑点、线、面等内容属性，如果要对设计图纸做更改，更改的工作内容就会很多。

项目建筑模型采用BIM核心建模软件Revit Architecture，可以根据建筑专业设计师的思考进行设计，由软件设计出来的作品质量好、精确度高。在软件中，工作流工具专门为建筑信息模型而构建，可以获取和分析概念，提供设计、文档和建筑等过程来保持用户的视野。软件的建筑设计工具功能强大，可以为建筑专业设计师准确捕捉和分析概念，保持设计到建造的一致性。

在某科技园A1#楼项目中，建筑模型采用Revit Architecture完成设计。建筑的三维模型可以在Revit Architecture中清晰表达，在模型中可以使用参数准确编辑和调整建筑构件的内容属性，从而实现参数化设计。BIM技术可以建立建筑物三维实体模型，只需要建筑设计人员输入建筑物的场地位置、功能参数、空间布局、材料尺寸等信息，就可有效地避免在绘图过程中的重复操作，很大程度上减轻了设计人员的工作负担。当发现设计错误时，只需利用软件对建筑构件的属性参数内容进行修改，其他相关建筑构件内容会自动进行更新。某科技园A1#楼项目BIM建筑模型如图8-4所示。

二、BIM结构模型

在传统结构专业设计绘图过程中，需要结构设计人员根据结构设计总方案和相关规范对建筑物进行结构选型以及结构构件（基础、梁、板、柱、剪力墙等）的布置，再通过结构受力分析计算对结构设计进行相关调整，然后根据最优方案进行配筋工作。利用二维CAD结构施工图可以表达结构构件的配筋情况，但是不能表示结构构件所用材质以及钢筋混凝土的所需用量等构件信息，工程量必须在全部图纸出来之后，根据图纸进行人为算量，极大地增加了工程量计算工作。

项目结构模型采用BIM核心建模软件Revit Structure，为结构专业设计师提供了专业设计工具，可以帮助设计师更加精确地设计高效的建筑结构。Revit Structure以建筑模型信息技术构建出智能模型，通过在设计中进行模拟和分析，准确地实现预测功能，利用智能模型中包含的位置坐标和其他信息，大大提高了设计文档的精确性。

在某科技园A1#楼项目中，结构模型由结构工程师使用Revit Structure进行结构构件的布置，通过建立三维实体参数化结构模型来反映结构构件的真实信息。结构模型不但可以清晰表示建筑物的结构形式特点，而且还能从多个角度查看结构构件的其他特征，如混凝土等级信息、结构配筋信息等。某科技园A1#楼项目结构BIM模型如图8-5所示。

三、BIM机电模型

在传统机电专业设计绘图过程中，首先机电专业设计人员需要对建筑的负荷进行计算，然后再进行机电设备型号的确定，单独绘制给排水、通风等各专业系统的管道，最后形成整套机电系统体系。二维CAD的图纸只能进行平面线条表示，不能立体地表示各专业系统管线之间的冲突问题和复杂的建筑空间关系。

项目机电模型采用BIM核心建模软件Revit MEP，给暖通、电气和给排水专业设计师提供了专业设计工具，通过建筑信息模型技术可以帮助导出更高效的建筑系统，实现从概念到建筑的精确设计、分析和归档。

在某科技园A1#楼项目中，机电模型由专业机电工程师使用Revit MEP完成给排水、暖通、电气模型设计，通过建立水暖电系统视图样板，分别赋予各子系统材质、设备型号等参数信息，提供完整的管道和设备信息统计表，各专业系统的机电管线和设备根据先后分阶段建立，直到所有机电模型建完。

某科技园A1#楼项目BIM给排水、暖通、电气模型如图8-6～8-8所示。

通过整合建筑、结构、机电专业模型，项目BIM综合模型如图8-9所示。

图8-4　建筑模型

图8-5　结构模型

图8-6　给排水模型

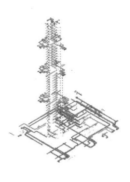

图8-7　暖通模型

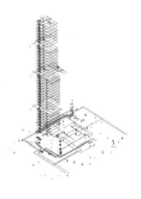

图8-8　电气模型

图8-9　综合模型

第三节　BIM协同设计

在传统建筑设计的协同作业中，工程项目的设计工作依赖于二维图纸和纸质文档资料，不能表达建筑形体和空间。各专业的二维图纸是相互独立的，一张图纸的相关细节资料需要翻阅多张图纸，同一个专业图纸信息容易查找，但是当多个专业的图纸整合到一起时，需要先对所有的图纸进行分析解读，然后再去想象各个不同专业构件的空间关系，对其进行逐一检查，甚至还需要计算，在这个过程中会浪费大量的时间和精力。

BIM协同软件Vault是一款源控制工具，可以确保数据的可靠性。Vault不仅界面熟悉而友好，而且功能强大、表现优秀可靠，所有库的数据存储在一个SQL数据库中。

在某科技园A1#楼项目中充分运用Vault数据管理平台，将其打造成BIM协同设计平台。BIM协同设计具体分为以下五个方面：

① BIM协同方式创新，利用Vault数据管理平台上建立BIM模型协同方式。在Vault服务器上建立总文件夹，以工作集的形式分流给各个客户端，各客户端直接通过链接联系。工作集采用Vault插件实现文件与存储位置一一对应，实现各客户端与总文件夹同步存储与更新，实现项目数据信息共享。

② 与质量管理体系结合，避免管理效率的流失，充分提高管理职能的实施，管理档案上传网络备案。按质量管理体系建立本项目文件管理结构，完全符合新版ISO9000质量管理体系标准，并参照了安徽省地方标准，可以避免质量管理工作积累，减轻设计管理人员工作负担。

③ Vault+"云"实现互联网+设计，实现BIM整体模型提交。客户端通过数据传输设备可直接访问Vault数据、Revit文件、Navisworks文件，简单易用，性能灵活。还能实现内外协同，所有数据均在服务器上，安全稳定，数据可靠，应用主机模块化、虚拟化，可以随项目应用情况增减、拆分、组合，节约成本。

④ 在Revit上并行审核。工作人员可以通过文档归类—更改状态开展逐级审核流程。在Revit中设计人和审核人交替对同一文件的工作记录进行设计和审核，不仅可以提前发现问题，缩短纠错时间，还可以留下审核记录，实现标准化管理。

⑤ 在Vault上并行审核。Vault审核流程充分利用各软件优势，同时在Revit、Navisworks等多款软件中设计一整套连续的工作流程，实现并行审核。设计人员在设计过程中定期上传Vault更新文件，分阶段提出审核要求，收到审核结果后及时修改直到完成设计。审核人员可以通过Vault，提前介入设计审核，从模型到施工图分阶段审核，在Revit模型文件中建立审核子项，留下审核意见，同时不影响设计进程。审核记录与模型、图纸保存到同一文件中，打破二维设计审核记录与设计文件重复的情况，提升了管理水平。

第四节　BIM碰撞检查和管线综合

一、碰撞检查

碰撞检查是为了检查建筑物的建筑构件、结构构件、机电构件之间是否会发生位置交差冲突。在下一步的机电深化设计中，根据碰撞检查结果，各专业设计人员可以合理调整管线的位置，避免不同构件之间交叉冲突的出现。目前采用BIM技术对各专业构件进行碰撞检查有两种方法：

第一种是单一专业内部的碰撞检查。可以利用Revit软件中自带的碰撞检查功能对单一专业内部进行碰撞检查，这种碰撞检查通常很简单，而且只可以检查到某一个专业内部的交叉碰撞，并不能进行复杂情况下的碰撞检查。

第二种是进行多专业间的碰撞检查。可以利用Revit软件中建立的各专业模型经过输出指定格式文件分别导入Navisworks Manage软件中，通过Navisworks Manage的碰撞检查功能进行检测，实现多专业之间复杂情况下的碰撞检查。

Navisworks Manage将精确的错误查找功能与基于硬冲突、软冲突、净空冲突与时间冲突的管理相结合，快速审阅和反复检查由多种三维设计软件创建的几何图元，对项目中发现的全部碰撞进行完全记录。检查时间与空间是否协调，在规划阶段消除工作流程中的问题。

二、管线综合

在传统的二维设计过程中，如果需要进行管线综合，只能把各个专业的CAD平面图进行叠加，可是这种二维叠加方式，会使得图形显示十分混乱。在大体量复杂工程中涉及的机电管线很多，很难清晰地表达各个机电管线的位置和标高，各专业之间的机电管道空间关系也只能依靠人脑去想象，很容易产生错误。而且，建筑物的管道系统空间十分复杂，若采用二维CAD图纸的表达，基本不会发现管线碰撞，也不会对管道冲突进行设计优化避免碰撞。此外，机电管道还会经常和建筑物的结构构件发生碰撞，在二维CAD图纸中不能做到预留孔洞，给现场实际施工带来诸多不便。

采用BIM技术进行管线综合优势明显，因为通过BIM软件三维建模，可以将原来的二维平面图纸转换成可视化的三维立体模型进行展示，使得一些机电管线的碰撞问题得以清晰展现，直接对机电管线进行综合优化。此外利用BIM技术还可以随时根据管线布置的变化，直接给出机电管线预留孔洞的具体位置和尺寸大小。

如图8-10所示，可以通过BIM技术对管线综合排布进行净高分析，准确计算得到建筑的竖向净空高度，从而满足建筑的功能需求。

如图8-11、图8-12所示，可以发现消防水管与结构梁发生碰撞，通过给消防水管降低标高，从而避免两者之间碰撞。

如图8-13、图8-14所示，电缆桥架与剪力墙发生碰撞，可以提前给出剪力墙的预留孔洞位置和尺寸，从而避免现场施工时重新凿洞。

图8-10　管线净高分析

图8-11　消防水管与结构梁碰撞

图8-12　消防水管降低标高

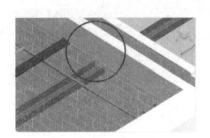

图8-13　电缆桥架与墙碰撞

图8-14　墙预留孔洞

第五节　BIM钢结构深化设计

传统的钢结构工程设计，首先通过力学计算软件进行钢结构设计，然后利用二维CAD图纸对钢结构设计信息进行逐一说明。由于钢结构设计的杆件和节点众多，仅仅依靠二维图纸不能清晰地表示钢结构构件尺寸信息和连接方式，在钢结构生产和加工中，很容易产生错误。

钢结构深化设计采用BIM深化设计软件Tekla Stmctures。它是基于模型的信息软件，集成了从投标、图纸深化、制造到安装的整个工作流程，可以用于管理工程数据库。

在某科技园A1#楼项目屋顶钢结构工程中，采用Tekla Structures进行三维实体建模，钢结构三维模型；钢结构的螺栓、杆件等信息都通过三维实体建模进入整体模型；钢结构各种节点形式可以很直观、立体地反映出来，利用软件强大的图纸编辑功能，能够提交满足要求的各种图纸。在钢结构图纸出图过程中，由于涉及后期的设计变更较多，模型和图纸需要不断更新，软件可以更好地控制图纸变更后的图形，最大限度地降低出错率。

利用Tekla Structures还可以对钢结构构件材料统计生成报表。软件会自动计算统计选定构件的用钢量，并按照构件类别、材质、长度进行归并和排序，同时还输出构件数量、质量等信息。报表能够被生产厂家机械识别，实现智能化加工和生产。软件自动生成的钢结构材料报表如表8-3所示。

表8-3 钢结构构件报表

序号	零件号	数量	型材	材质	长度/mm	质量/kg
1	F-1	16	PL8×147	Q235B	230	2.1
2	F-4	11	PL20×300	Q235B	300	14.1
	F-4	11	PL10×100	Q235B	230	1.8
3	F-5	1	PL10×160	Q235B	185	2.3
4	F-6	2	PL10×40	Q235B	170	0.5
	F-7	2	PL10×160	Q235B	185	2.3
5	F-7	2	PL9×150	Q235B	3227	32.6
6	F-6	1	PL9×150	Q235B	771	8.2
7	F-8	1	PL10×160	Q235B	183	2.3
8	F-8	2	PL9×150	Q235B	6493	68.8
	K-4	2	PL8×62	Q235B	282	1.1
	K-6	1	PL8×147	Q235B	230	2.1
	P-6	1	PL6.5×282	Q235B	6463	93.4
9	F-8	2	PL9×150	Q235B	6463	68.8
	K-4	1	PL8×62	Q235B	282	1.1
	K-6	1	PL8×147	Q235B	230	2.1
	P-4	1	PL6.5×282	Q235B	6963	93.4
10	F-9	2	PL9×150	Q235B	5625	59.6
	K-4	2	PL8×62	Q235B	282	1.1
	P-5	1	PL6.5×282	Q235B	5625	80.9

序号	零件号	数量	型材	材质	长度/mm	质量/kg
11	F-10	2	PL9×150	Q235B	4150	44.0
	F-14	1	PL6.5×282	Q235B	4150	59.7
	P-1027	1	PL25×465	Q235B	729	54.1
	P-4	8	PL8×62	Q235B	282	1.1

第六节　BIM钢筋深化设计

传统的结构钢筋工程设计，是利用平法标注对结构钢筋配筋信息进行逐一解读。这种设计方法很容易出现错误，结构专业设计师绘制图纸的工作也十分烦琐，特别是在涉及一些工程量较大或者结构复杂的大型项目时，往往会对结构设计准确度造成较大影响。

BIM技术对结构钢筋的深化设计，是定义每一类钢筋的属性，包括钢筋的等级、直径和间距等信息，在模型中对钢筋进行三维定位和形状展示，从而实现钢筋布置三维可视化，复杂节点钢筋碰撞检查，准确计算钢筋下料长度。还可以对钢筋模型进行模拟分析，验证结构设计的合理性，对设计中以及后期施工中可能遇到的问题进行预先处理，方便设计与施工进行技术交底，直接、准确地指导现场施工。

本项目钢筋深化设计利用BIM核心建模软件Revit Structure，以BIM结构模型为载体，根据设计图纸对钢筋排布进行深化设计，其内容主要包括：钢筋构件等级、位置、数量、间距等信息。利用Revit Structure结构钢筋功能依次输入钢筋的信息，结构模型会自动生成钢筋三维模型，钢筋模型建立后，将其导入Navisworks Manage中进行碰撞检查，根据碰撞检查结果，合理调整钢筋位置排布，这样可以极大地减少现场钢筋施工中出现的错误。

通过Revit软件的明细表功能，可以得到不同钢筋的构件形式，不同型号、不同长度的钢筋数量，以构件形式为单位导出钢筋工程量清单，从而制作钢筋物料单，方便统计钢筋用量。

第七节　BIM施工图输出

利用BIM技术绘制各专业的平面图纸，再将建筑的构件信息输入模型中，可以直接导出各专业的立面图、剖面图等，建筑信息可以直观地反映在模型中。BIM技术打破了传统的图纸表达，利用三维仿真模型技术、参数化信息技术建立建筑的大数据库，把传统的图纸转变为数据的储存和提取。在方案设计到施工图设计的过程中，建筑模型信息会得到不断优化和完善，通过模型输出施工图纸，可以省去很多图纸绘制的时间。

本项目首先利用Revit软件绘制带有建筑信息的建筑模型，然后定义好施工图纸需要的族（Revit中的所有构件都基于族），最后通过建好的族和建筑物的三维模型，输出二维的建筑平面图、立面图等。

第八节　BIM工程量统计

二维CAD设计的工程量统计主要是利用一些算量软件来进行辅助计算。工程量统计人员首先需要根据二维图纸，人为提取其中建筑构件的信息并进行分析，然后将这些建筑信息数据手动输入计算机，经过软件的计算获取工程量。这种算量方式容易受到手动输入错误、图纸信息错误等因素的影响，工程量统计的结果依赖于个人对二维设计图纸的理解，通常还和个人的施工现场经验、计算分析能力有关，这样计算出来的工程量的准确性也就很难保证，而且算量过程中会消耗大量的精力和时间。

通过BIM技术进行工程量统计，可以明显减少算量时间，提高算量准确性，方便控制和核算工程造价，进行成本测算、中间计量、多算对比，对建筑材料实行严格管控。建筑信息模型中包括了与建筑相关的一切信息，模型对建筑物的构件进行真实反映，可以依据建筑信息模型中建筑构件的属性（数量、材质、尺寸等）进行分类统计，自动计算出工程量清单。当进行工程量统计时，例如对混凝土、钢筋等，软件可根据建筑构件不同的类别，快速、自动生成明细表进行材料统计，这个工程量统计过程准确高效。尤其是在工程发生不可预见的变更后，建筑信息模型可以快速地计算出工程变更后的工程量，当建筑材料发生变化时，明细表统计的数量、材质、尺寸会根据工程变更的改动而自动调整。

在某科技园A1#楼项目中，结构三层梁三维模型如图8-15所示，利用Revit软件生成的结构三层梁构件工程量清单如表8-4所示；结构基础三维模型如图8-16所示，生成的结构基础构件工程量清单如表8-5所示。

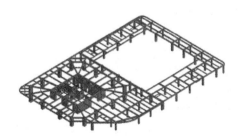

图8-15　三层梁三维视图

表8-4 三层梁工程量清单

类型	结构材质	底标高/mm	顶标高/mm	体积/m³	数量
矩形梁：梁_KL_200×600	混凝土现场浇注C35	15650	16250	0.45	1
矩形梁：梁_KL_200×600	混凝土现场浇注C35	15650	16250	0.39	2
矩形梁：梁_KL_200×600	混凝土现场浇注C35	15650	16250	0.24	1
矩形梁：梁_KL_200×700	混凝土现场浇注C35	15650	16250	0.92	1
矩形梁：梁_KL_200×700	混凝土现场浇注C35	15650	16250	0.41	2
矩形梁：梁_KL_200×700	混凝土现场浇注C35	15650	16250	0.23	2
矩形梁：梁_KL_200×800	混凝土现场浇注C35	15650	16250	0.80	1
矩形梁：梁_KL_200×800	混凝土现场浇注C35	15650	16250	0.24	2
矩形梁：梁_KL_200×800	混凝土现场浇注C35	15650	16250	0.07	2
矩形梁：梁_KL_200×800	混凝土现场浇注C35	15650	16250	0.39	1
矩形梁：梁_KL_250×700	混凝土现场浇注C35	15650	16250	0.57	2
矩形梁：梁_KL_200×800	混凝土现场浇注C35	15650	16250	0.06	4
矩形梁：梁_KL_200×800	混凝土现场浇注C35	15650	16250	1.31	2
矩形梁：梁_KL_200×800	混凝土现场浇注C35	15650	16250	1.54	3
矩形梁：梁_KL_200×800	混凝土现场浇注C35	15650	16250	1.54	2
矩形梁：梁_KL_250×700	混凝土现场浇注C35	15650	16250	0.32	4
矩形梁：梁_KL_300×700	混凝土现场浇注C35	15650	16250	3.29	1
矩形梁：梁_KL_300×700	混凝土现场浇注C35	15650	16250	0.47	4
矩形梁：梁_KL_300×700	混凝土现场浇注C35	15650	16250	0.36	2
矩形梁：梁_KL_300×700	混凝土现场浇注C35	15650	16250	0.42	1
矩形梁：梁_KL_300×700	混凝土现场浇注C35	15650	16250	0.23	3
矩形梁：梁_KL_300×700	混凝土现场浇注C35	15650	16250	0.48	5
矩形梁：梁_KL_300×700	混凝土现场浇注C35	15650	16250	0.62	2
矩形梁：梁_KL_300×700	混凝土现场浇注C35	15650	16250	0.84	2
矩形梁：梁_KL_300×800	混凝土现场浇注C35	15650	16250	0.93	1
矩形梁：梁_KL_300×800	混凝土现场浇注C35	15650	16250	0.18	2
矩形梁：梁_KL_300×800	混凝土现场浇注C35	15650	16250	0.36	4
矩形梁：梁_KL_300×800	混凝土现场浇注C35	15650	16250	0.49	2
矩形梁：梁_KL_300×800	混凝土现场浇注C35	15650	16250	0.35	1
矩形梁：梁_KL_300×800	混凝土现场浇注C35	15650	16250	0.60	2

图8-16 结构基础三维视图

表8-5 结构基础工程量清单

类型	结构材质	底标高/mm	顶标高/mm	面积/m²	体积/m³
独立基础_3100×3100_500×500	混凝土现场浇注C30	−10300	−9800	9	1.69
独立基础_3100×3100_600×600	混凝土现场浇注C30	−10300	−9800	16	3.11
独立基础_3100×3100_500×500	混凝土现场浇注C30	−10300	−9800	19	3.64
独立基础_3100×3100_600×600	混凝土现场浇注C30	−10300	−9800	19	3.67
独立基础_3700×3700_500×500	混凝土现场浇注C30	−10300	−9800	27	5.16
独立基础_3700×3700_600×600	混凝土现场浇注C30	−10300	−9800	27	5.19
独立基础_3700×3700_600×700	混凝土现场浇注C30	−10300	−9800	27	5.21
独立基础_3900×3900_600×600	混凝土现场浇注C30	−10300	−9800	30	5.76
独立基础_4200×4200_600×500	混凝土现场浇注C30	−10300	−9800	35	6.64
独立基础_4200×4200_600×700	混凝土现场浇注C30	−10300	−9800	35	6.68
桩基础_圆桩_C30_800	混凝土现场浇注C30	−26150	−11050	1	6.71
桩基础_圆桩_C40_800	混凝土现场浇注C40	−31200	−10100	1	10.51
桩基础_圆桩_C40_800	混凝土现场浇注C40	−33700	−12600	1	13.30
筏板_C30_3000mm	混凝土现场浇注C30	−12800	−9800	10	31.41
筏板_C30_3000mm	混凝土现场浇注C30	−12800	−9800	16	48.00
筏板_C40_500mm	混凝土现场浇注C40	−10300	−9800	588	294.08
筏板_C40_3000mm	混凝土现场浇注C40	−12800	−9800	2183	6547.92

第九章　基于BIM技术的建筑设计质量评价应用

第一节　基于BIM技术的建筑设计质量影响因素

许多文献对项目的设计质量评价展开了研究并进行了应用尝试，但缺少针对应用BIM技术项目的设计质量评价。为将BIM技术影响工程设计质量的因素进行比较清晰的判断，笔者在相关文献及标准的基础上，通过参考已有的影响因素的分析，并咨询相关专家，选取了BIM技术项目的设计质量主要影响因素。

建筑设计质量评价的影响因素提炼是指标选取的依据，包含设计质量评价的内容和要求。全面考虑质量内容、质量形成过程和质量体现过程的完整性，设计质量评价影响的因素分为两部分，一部分是直接效用质量指标，一部分是间接效用质量指标。

直接效用质量指标包含管理程序、文件的完整性、设计深度和时间性。间接效用质量指标包含的内容根据质量特性区分为：适用性、安全性、经济性、耐久性和与环境的协调性。

设计质量评价指标的选取涉及多方面且主观评价因素较多，其中不仅需要考虑设计的硬性评价指标，即相关规范的满足度，还需要考虑设计中的隐形指标，即人、材、物等。结合硬性评价指标与隐形指标，得出设计质量评价指标重点包括以下几个方面：

流程：设计工作衔接、设计人员到位、设计人员的职业素养、设计进度。

模型：模型的精度、细度、统一性、质量与相关标准的符合度。

设计文件：文件的完整性、深度、顾客满意度、设计图纸的质量。

建筑：日照、通风、能耗、声环境等。

一、设计流程

在建筑工程的设计过程中，设计流程组织的信息传递效率是否高效，是否能够使设计人员有效合作，对设计质量的优劣起着至关重要的作用。

流程设计的优劣标准可以从以下几个方面进行审视评价：从流程图和文件上来看，主导者、专业辅助者和决策者角色能否对号入座，相关责任主体能否全面参加讨论，各方经验能否在设计过程中有效体现；从产生流程上看，是否为结构化的标准流程，各方对设计提出的要求与优化能否在设计中高效地得到共识并且得以实现；从业务策略、资源和技能角度上看，流程与产品设计的客户价值、资源、技术水平是否相匹配。

二、设计人员职称

之所以将设计人员职称设置为一个影响因素是因为在建筑设计的过程中，设计人员的经验直接影响建筑设计的质量。建筑设计规范条例化，如果完全按照建筑规范进行设计，必然无法考虑建筑所应具备的人性化特点，也就无法营造高质量的宜居环境。设计人员的经验能够避免此类失误的发生，故而将设计人员的职称设置为影响因素。

三、设计文件完整性

建筑设计文件主要包括建筑、结构、设备等各专业的施工详图及设计说明，保证设计文件的完整性是设计质量的基本要求，也是工程下一阶段顺利进行的必要条件。

四、设计深度

设计深度有两方面的含义：一是设计深度应满足各阶段的设计成果要求；二是设计深度应满足其他专业设计需要。国家规范已经具体规定相应的深度要求，再结合工程师的设计经验，足够判断设计深度是否满足需要。另外，各专业的详图也是判断设计深度的依据。专业资料互提的前提是资料满足提资方的设计需求，若不满足，可向对方提出资料完善与深化的要求。

设计深度直接影响施工，施工员能否依据图纸，建造成业主所需求的建筑，设计深度的满足度至关重要。

五、时间性

时间性是指设计单位在合同期限内完成建设方指定的全部设计成果并与建设方实现交接的能力。其中也包括建设期间与建设方和施工方对设计文件相关疑问进行解答的及时性。

在设计阶段，业主对设计质量评价最直观的就是设计成果的交付期限。时间性反映的不仅是画施工图的速度，更体现人员配合的效率，而且会直接影响后期工程的工期。由此设计文件交付的时间性成为设计质量评价中的一个影响因素。

六、专业协同设计

设计阶段专业内与专业间配合的有效性直接影响设计效率。为了降低设计错误率，提升设计质量，协同设计的说法应运而生。所谓的协同设计主要指大型复杂公共建筑的三维BIM协同和普通民建的二维CAD协同。协同设计主要是利用统一设计阶段的各项标准来完成，如：确定构件建模的族文件；规定绘图时的图层与颜色；制定打图时的打印样式。此外，设计人员在同一设计平台进行设计工作，实时同步设计进度，获得所需相关专业的设计参数，能够有效减少专业间与专业内由于交流不及时导致的设计错误，实现错误处的统一修改从而提高设计效率、保证设计质量。

协同设计不仅有利于设计效率，在设计管理方面也起着至关重要的作用。设计进度的把控、设计文件的规范化整理、设计人员的任务分配、审批流程的管理、图纸的批量打印与设计项目所有文件与信息的归档都能够在协同设计中实现提升。

但是，建筑项目设计具有独特性，各种影响因素千差万别，导致协同设计在实际操作过程中在某种程度上会影响工作效率。故在建筑设计过程中，涉及多专业的设计工作，不仅专业之间会产生许多需要互相配合的工作，在一些大型项目建筑设计时，各专业间的协同设计也至关重要，如何在设计过程中保证各专业的要求得以体现，成为设计质量评价的一个重要因素。

七、场地分析

建筑物的定位是通过对场地的分析得到的，其对建筑物的空间方位、周围景观至关重要。在设计过程中，场地的地形地貌、植被分布、气候条件都将对设计产生极大的影响，设计单位需要通过对场地的分析得到景观规划、建成后的交通量等。传统的场地分析有许多弊端，诸如：定量分析不足、设计者主观意向倾斜、大量信息的处理难度大。而BIM技术结合地理信息系统对虚拟的建筑空间进行分析，能协助设计单位与业主做出最合理的场地规划和建筑布局。

八、施工图设计质量

施工图设计阶段是传统设计模式中最重要的阶段，施工图设计质量直接影响后期施工与建筑最终的质量。在本阶段，设计人员将确定的方案根据相关规定的原则与标准具体布置在图纸中，以图形和文字的形式，对实际施工起到指挥与指导的作用。

BIM技术项目中，施工图由建立的三维立体模型直接导出，然而限于BIM设计软件的硬件设置障碍，如：导出图纸本土化程度不足、模型精度与细度受限、施工现场仍以图纸为标准等原因，施工图质量仍是影响设计质量的一大因素。

九、建模

BIM项目在进行建模之前必定会事先建立一份完整的建模标准方案，该方案会对建模过程中的相关要求进行规定。如：单位的统一、建模的依据、建模及构件文件的命名标准、模型的深度、模型的精度等，而建模过程中，这些要素直接影响BIM技术项目的设计质量。

十、工程量统计

CAD设计最重要的缺陷是无法直接储存构件信息，导致造价阶段无法直接显示工程量，需要依据施工图纸进行测量统计。人工测量和统计需要大量的人工成本，并且伴随计算差错增加的可能性，而使用专业软件进行重新建模需要不断进行方案调整，若信息修改，则工程量统计失效。

BIM技术的使用在设计阶段便储存了工程量信息，工程量可以随着设计方案的改变实时更新，还能减少人工操作和差错量。

十一、冲突检测

在以CAD为核心设计工具的时代，各类设计过程中的构件冲突成为设计质量最大的影响因素。冲突检测并不是直观意义上的管线冲突，在各专业间有不同类型的冲突。例如建筑专业，其冲突检测主要由建筑的墙体与结构专业的梁、板、柱、剪力墙等的重叠或不合理置放；是否在设备管线处进行了楼板开洞；楼梯与坡道的净高是否与楼板高度有冲突等。其他专业也具有相似的冲突问题，这些问题在设计过程中会导致重新设计，直接影响设计质量。

十二、管线综合

BIM技术模型作为交流平台，可以使各专业在三维环境下暴露管线设计错误，提高管线的设计质量和工作效率。

十三、后期服务质量

后期服务的内容主要包括施工图交底，图纸会审、设计变更和现场服务等。施工图设计交底是为了让施工单位和监理单位更好地贯彻设计意图，正确理解设计的特点和疑难点，特别是关键部位的质量要求。而图纸会审则是设计方和施工方根据施工图中的问题，共同协商解决办法，使图纸中的质量隐患在发生前就得到妥善处理。根据现场反馈的情况，需要进行设计变更的应尽快出具施工图修改单，以免影响工期。

十四、围护结构的热工性能

围护结构的热工性能指的是围护结构的保温隔热性能或热传导性能。能耗分析中空调能耗占总能耗的50%以上，照明能耗及其余设备能耗分项占比高低不等，而围护结构的热工性能直接影响空调的能耗，且是在设计阶段便可直接改变能耗量的最主要因素，因此围护结构热工性能的分析至关重要。

十五、光环境

光环境直接决定建筑营造的环境质量，包括自然光与设备光。自然光的直接影响因素是窗户面积和方向，自然光的导入也可以通过光板反射与光管导入。设备光的直接影响因素是照明设备的材质、密度与耗能，而照明设备的能耗又直接影响总能耗与空调能耗。在设计阶段控制自然光与设备光能够达到提升建筑光环境从而提高设计质量的效果。

十六、通风性能

室内环境质量是建筑设计质量的重要组成部分，而空气质量是衡量室内环境质量的重要指标之一，所以将通风性能作为影响建筑设计质量的指标之一。

通风方式有自然通风与机械通风两大类，机械通风通常能够更快、更有效地实现室内空气质量的提升，但在绿色建筑的主流建筑理念下，能耗的增长与副产品——机械噪声成为机械通风的两大缺陷，均衡建筑自然通风与机械通风成为建筑设计质量的重要评判标准。

在建筑设计阶段，应优先考虑建筑构造，尽可能利用自然风，减少能耗。

十七、日照与遮挡

建筑设计中，建筑师关注建筑的布局，从节能的角度看是思考如何高效利用太阳能，同时减少建筑之间的遮挡。特别需注意的是高密度建筑区域，在设计阶段应通过角度和层次的调整使其满足日照遮挡要求。

十八、太阳能辐射与利用

人类未来将就新能源的发展和能源科技的创新，进行深入的考察研究。对于建筑业来说，更好地利用太阳能、降低建筑能耗是建筑技术发展的新方向。

152

十九、声环境

建筑的声环境是指建筑内外各种声源在室内环境中形成的对使用者生理上和心理上产生影响的声音环境，直接影响使用者的生活质量。声环境与建筑设计密切相关，声环境需要满足人类活动的要求，室内音质优化与噪声控制成为主要的设计质量提升点。

第二节 设计质量评价指标选取的相关理论

一、设计质量评价指标选取的原则

设计质量评价指标的全面性与科学性是设计质量评价结果准确性的保障。在评价体系中，指标需要能在特定方面反映总体现象的某一性质，具有数量性、综合性、替代性、效用有限性和时效性等特性。

在构建建筑设计质量评价指标体系的时候，选取的指标应保证在合理的数量范围内，指标数量过多会导致评价体系的效率与实用性降低，过少会导致评价体系的不全面，准确性降低。综上所述，设计质量评价体系应遵循以下原则。

（一）全面性原则

评价体系应全面概括影响BIM技术项目设计质量的因素，指标之间应具备内在关联性，多层次、全方位地反映出主体特点。

（二）适用性原则

评价体系将应用于BIM技术项目的设计质量评定中，由于建筑设计具有周期长、参与人员多、影响因素多的特点，评价过程需简便易操作，提升评价体系的实际应用价值。

（三）定性与定量相结合原则

评价指标是根据建筑设计全过程的因素确定的，定性指标与定量指标相结合有利于减少主观影响，增加客观性，能够更科学地反映设计质量的优劣。

二、设计质量评价指标体系选取的步骤

全面、科学、合理的设计质量评价体系是完成设计质量评价、提升建筑设计质量的关键，具体步骤如下。

（一）分析影响因素

在建立评价体系之前，应根据传统的设计质量评价体系所具备的特性，对BIM技术、设计质量评价以及两者相结合之后的整体进行全面分析，了解影响因素以及影响因素之间的内在联系。

（二）初步确定评价指标

在影响因素中提炼指标，确定所选指标是否能够全面反映BIM技术项目的设计质量。

（三）筛选指标并确定指标体系结构

首先，初步选出的指标需符合实际情况。其次，评价体系需要具备层次性，可使用因子分析法科学合理地建立指标体系结构，避免主观性对结构造成的影响。

（四）细化可量化指标得到评价体系

应科学量化指标，故需将部分专家打分的指标细化，将打分数据转化为实际工程数据，更科学合理地完善指标体系，最终利用贝叶斯网络理论，确定评价体系的权重。

第三节 基于BIM技术的设计质量评价指标体系的建立

一、设计质量评价指标初步筛选

科学合理的指标体系不仅能够提高评价工作的效率还能减小评价结果与实际情况的偏差。为了建立合理的设计质量评价指标体系，笔者结合指标的选取原则，结合相关领域专家的意见及影响设计质量因素的实际情况，并参考《民用建筑可靠性鉴定标准》（GB50292—2015）、《绿色建筑评价标准》（GB/T50378—2019）等相关标准，按照评价指标建立的步骤，经过分析归纳，初步建立了建筑设计质量评价指标体系，如表9-1所示。

表9-1 建筑设计质量评价初步指标

设计质量评价指标	设计质量评价指标
设计流程	工程量计算
设计文件完整性	冲突检测
设计人员职称	管线综合
设计深度	后期服务质量

设计质量评价指标	设计质量评价指标
时间性	围护结构热工性能
专业间协同度	光环境
专业内协同度	通风性能
场地分析	日照与遮挡
施工图设计质量	太阳能辐射与利用
建模	声环境

　　为使从工程设计质量状况影响因素总结出的指标更符合BIM技术项目设计质量评价的实际情况，需要对初步得到的指标进行指标合理性的调查研究。为减少调查问卷的种类，应提前采集贝叶斯网络统计方法的相关数据，将影响因素重要性调查汇集总结至同一问卷。调查问卷如表9-2所示。

表9-2　设计的调查问卷表例表

BIM技术项目设计质量影响因素的分析调查问卷										
设计质量影响因素分析	影响因素的合理性					影响因素的重要性				
	1	2	3	4	5	1	2	3	4	5
设计流程			√					√		
设计人员职称		√				√				
设计文件完整性				√						√
设计深度				√						√
时间性				√				√		
专业间协作程度	√						√			
专业内协作程度	√						√			
场地分析		√				√				
施工图设计质量				√		√				√
建模			√							√
工程量统计			√						√	
冲突检测				√						√

　　调查问卷下方设置建议栏，请被调查人将其认为需要补充的指标或因素填写进去，并对问卷设计的因素提出宝贵的建议或意见。

　　本次问卷的发放调研对象主要为建设单位人员、设计单位人员、高校老师以及项目管理工程人员，被调研人员身份信息如图9-1、图9-2，表9-3、表9-4所示，问卷的发放考虑时间以及空间的限制，故不仅采用了实际现场调查的方式，还进行了网络调查，共发放问卷169份，回收145份，有效128份。

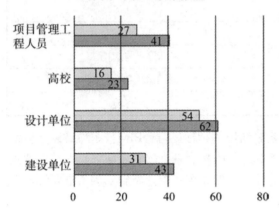

图9-1 被调查者身份及反馈情况

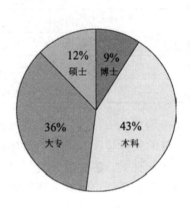

图9-2 被调查者学历

表9-3 被调查者职称

职称	比例/%
初级职称	23.36
中级职称	35.27
高级职称	28.91
其他	12.46

表9-4 被调查者执业资格

执业资格	人数
一级建造师	15
二级建造师	37
注册结构工程师	27
注册建筑师	10
其他	39

回收调查问卷后，进行整理与统计分析，首先进行的就是数据的描述性分析。将问卷调查得到的所有指标数据依据统计结果进行分析就是描述性分析。利用SPSS软件对数据进行描述性分析包括数据的均值、标准差、偏度、峰度以及变异系数。

表9-5中的样本均使用调查问卷中影响因素合理性的分值来统计初步确定指标。

表9-5　设计质量评价指标调查问卷数据的描述性统计

评价指标	N	均值	标准差	偏度	峰度	变异系数
设计流程	128	3.7858	0.9998	-0.5191	0.3937	0.2641
设计人员职称	128	2.9213	1.2533	0.0793	-0.4839	0.4290
设计文件完整性	128	4.1618	0.8497	-0.3244	0.8715	0.2042
设计深度	128	3.8559	1.1260	-0.0058	0.4084	0.2920
时间性	128	4.1291	0.9667	-0.7802	0.6996	0.2341
专业间协同度	128	3.8530	0.9643	-0.3243	-0.9675	0.2503
专业内协同度	128	3.8612	0.9981	-0.3542	-0.9743	0.2585
场地分析	128	2.6509	1.0675	-0.0856	-0.4365	0.4027
施工图设计质量	128	4.0843	0.9175	-0.3700	0.6701	0.2246
建模	128	4.2465	0.9666	-0.2511	-0.0922	0.2276
工程量统计	128	3.3918	1.2074	-0.1334	-0.0333	0.3560
冲突检测	128	4.3185	0.9946	-0.8222	1.1847	0.2303
管线综合	128	3.4533	1.0754	0.0276	-0.3678	0.3114
后期服务质量	128	3.2897	1.2646	-0.2242	-0.5894	0.3844
围护结构热工性能	128	3.8281	0.9619	-0.2235	-0.4349	0.2513
光环境	128	4.1465	0.9963	-0.4648	0.1235	0.2403
通风性能	128	3.8774	1.0232	-0.2315	-0.1439	0.2639
日照与遮挡	128	3.8409	0.9727	0.0390	0.8562	0.2532
太阳能辐射与利用	128	3.9704	0.9930	-0.5576	0.6651	0.2501
声环境	128	2.9342	1.2417	0.3056	-0.9404	0.4232

由表9-5中数据可知，设计人员职称、场地分析和声环境的平均值小于3，变异系数均大于0.4，说明参与调查者对这两项指标意见波动较大，不符合指标的适用性。结合专家意见，将均值大于3，变异系数小于0.3的指标设置为设计质量评价的指标。变异系数越小，说明参与调查者对此项指标的意见普遍统一。表9-5中，平均值大于3.5的指标占所有指标的83.33%，说明表中指标能够较为有效地反映设计质量。

在表中数据也可以看出，专家们普遍对于专业间协同度与专业内协同度的指标意见相同，故将两项合并为专业协同度一项。

二、因子分析法——探索性因子分析

在研究多变量复杂问题时，变量个数过多会增加问题的复杂性，故通过研究众多变量之间的内部依赖关系，探求观测数据的基本结构，用少数几个假想变量表示基本的数据结构，此类数据降维技术称为因子分析。从研究目的的角度看，因子分析有探索性因子分析与验证性因子分析，探索性因子分析没有先验性，因子未知，从分析结果中概括。本书将数据分为两组，一组用于探索性因子分析，确定变量之间的依赖关系，一组用于验证性因子分析，为得到的依赖关系提供实证支持。

（一）检验变量

观测变量之间的相关性是使用因子分析法的前提，假若观测变量之间的相关性较小甚至无关，变量间就不存在共享因子，不适合进行因子分析，利用SPSS软件，可以通过以下三种数据检验方法进行判断。

① Bartlett's球体检验。该方法以相关系数矩阵计算得到计量值，计量值小于0.05认为原始变量之间存在相关性，适合因子检验。

② 反映像相关矩阵检验。该检验是用变量的偏相关系数矩阵得到反映像相关矩阵，矩阵对角线元素绝对值越接近1，变量相关性越强，适合因子分析。

③ KMO检验。比较变量间的简单关系系数和偏相关系数，KMO<0.5不适合因子分析。

（二）提取公因子

SPSS软件提取最大公因子的方法主要有主成分分析法、极大似然估计法、主轴因子法等，其中基于主成分模型的主成分分析法是使用最多的提取公因子的方法之一，故选择此种方法进行公因子提取。

公因子数量的确定主要有三个判断标准：一是根据特征值的大小确定，一般取大于1的特征值；二是根据因子的累积方差贡献度来确定，一般认为如果达到70%以上就非常合适；三是根据碎石图，公因子数量为碎石图趋于平稳所对应数据。

将因子的累积方差贡献与碎石图共同作为公因子提取的依据，这是由于前者通过数据展示，后者通过图片展示，数据与图片结合能够更加准确、清晰地确定公因子数目。如表9-6、图9-3所示。

表9-6 变量因子累积方差贡献

成分	初始特征值			提取平方和载入			旋转平方和载入		
	合计	方差/%	累积/%	合计	方差/%	累积/%	合计	方差/%	累积/%
1	5.5153	28.3017	28.3017	5.5153	28.3017	28.3017	4.6790	24.0102	24.0102
2	4.3310	22.2245	50.5262	4.3310	22.2245	50.5262	4.2973	22.0516	46.0618
3	3.8957	19.9908	70.5170	3.8957	19.9908	70.5170	4.1179	21.1310	67.1928
4	3.1071	15.9441	86.4611	3.1071	15.9441	86.4611	3.7549	19.2683	86.4611

成分	初始特征值			提取平方和载入			旋转平方和载入		
	合计	方差/%	累积/%	合计	方差/%	累积/%	合计	方差/%	累积/%
5	0.9788	5.0226	91.4837						
6	0.6554	3.3630	94.8467						
7	0.4972	2.5513	97.3980						
8	0.1288	0.6607	98.0587						
9	0.1051	0.5393	98.5980						
10	0.0834	0.4281	99.0261						
11	0.0730	0.3744	99.4005						
12	0.0522	0.2677	99.6682						
13	0.0412	0.2113	99.8795						

提取方法：主成分分析

表9-6中显示SPSS软件中提取了四个公因子（其特征值都大于1），前四个因子的累计方差贡献率已达到86.31%，表明提取四个公因子较为合适，再结合碎石图（见图9-3），由于到第五个公因子时，特征值开始趋于平稳，进一步确定提取四个公因子是合适的。

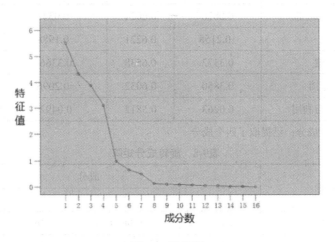

图9-3　碎石图

（三）因子旋转

通过建立因子分析数学模型找出公因子并且依据结果将观测变量分组，了解公因子的内在含义便于进一步地深入分析。若公因子的内在含义不清晰，会加大实际背景解释的难度。由于因子载荷矩阵的不唯一性，对因子载荷矩阵进行旋转，简化因子载荷矩阵结构。实际应用中有多种因子旋转方法，其中最大方差法最为常用。该方法是从简化因子载荷矩阵的每一列出发，将因子载荷矩阵的行作简化，使每个因子有关的载荷差异达到最大。如表9-7、表9-8所示。

表9-7 成分矩阵

评价指标	成分			
	1	2	3	4
设计流程	0.7122	0.2724	−0.0111	0.1020
设计文件完整性	0.2043	−0.1972	0.1725	0.7034
设计深度	0.1712	0.3765	−0.4224	0.6880
时间性	0.8428	0.0708	0.1737	−0.0342
专业协同度	0.5144	−0.3088	−0.1058	0.4137
施工图设计质量	−0.0260	0.2710	0.3532	0.6134
建模	0.4414	0.0766	0.6227	−0.0268
工程量统计	0.4719	0.1565	−0.6855	0.0344
冲突检测	0.1859	−0.1686	0.8930	0.0589
管线综合	0.4553	0.1888	0.6884	−0.1231
后期服务质量	−0.0463	0.0470	−0.4383	0.6123
围护结构热工性能	0.0876	0.6024	−0.0341	−0.0818
光环境	−0.2158	0.6221	−0.1988	−0.4753
通风性能	0.3372	0.6538	0.3366	−0.0377
日照与遮挡	0.3850	0.6032	−0.2096	−0.3323
太阳能辐射与利用	0.0263	0.5812	0.0492	−0.4032

提取方法：主成分；已提取了四个成分

表9-8 旋转成分矩阵

评价指标	成分			
	1	2	3	4
设计流程	0.6882	0.0618	0.3618	0.1084
设计文件完整性	0.0436	0.7094	0.2879	0.1396
设计深度	0.0199	0.6956	0.0431	0.3187
时间性	0.6317	0.2423	0.2454	0.1604
专业协同度	0.6005	−0.0409	−0.0323	0.2932
施工图设计质量	0.1478	0.6824	0.2007	0.2177

评价指标	成分			
	1	2	3	4
建模	0.2159	−0.0071	0.7320	−0.0819
工程量统计	0.1629	0.1543	0.6480	−0.1175
冲突检测	0.1655	0.1927	0.8868	0.1015
管线综合	0.2739	−0.0600	0.6263	0.1604
后期服务质量	0.2036	0.8934	−0.0666	0.1119
围护结构热工性能	0.2356	0.1971	0.2627	0.7101
光环境	0.2705	−0.0826	0.0583	0.7080
通风性能	0.0047	0.1319	0.1884	0.6176
日照与遮挡	−0.1424	0.3173	0.2610	0.6056
太阳能辐射与利用	0.1620	−0.0026	0.3674	0.5851

提取方法：主成分；旋转法：具有Kaiser标准化的正交旋转法；旋转在7次迭代后收敛

表9-7与表9-8进行对比分析后发现，设计流程、专业协同度、时间性三个比例指标具有较强的相关性，可以归为一类，命名为"设计组织流程"；建模、冲突检测、管线综合、工程量统计这四个指标相关性较强，故归为一类，命名为"模型质量"；设计文件完整性、施工图设计质量、后期服务质量三个指标相关性较强，归为一类，命名为"设计文件质量"；最后五个指标围护结构的热工性能、光环境、日照与遮挡、通风性能、太阳能辐射与利用相关性强，归为一类，命名为"建筑性能质量"。

（四）计算因子得分

当公因子确定后，对每一样本数据，期望得到不同因子的具体数值及因子得分，以便进行进一步的比较分析，但由于接下来使用贝叶斯统计方法分析得到相关权重，故在因子得分分析部分不再分析阐述。

三、因子分析法——验证性因子分析

验证性因子分析将通过另一半的数据进行对潜在变量及变量之间的依赖关系进行检验。

验证性因子分析主要分为两种，一是假设潜在变量之间不相关，设置潜在变量之间的协方差为0的直交验证性因子分析；二是假设潜在变量之间相关的斜交验证性因子分析。以下将建立斜交验证性因子分析模型进行验证性因子分析。

1. 结构方程模型的建立及分析结果

在进行验证性因子分析的过程中，为保证结果的质量，提高结果的有效性，需要将因子之间关系的结构方程建模，通常的软件有LISREL、AMOS、EQS、MPLUS等，由于探索性因子分析使用的软件为SPSS，故在验证性因子分析阶段选择SPSSAMOS软件。

建立的结构模型及相关拟合结果如图9-4所示。

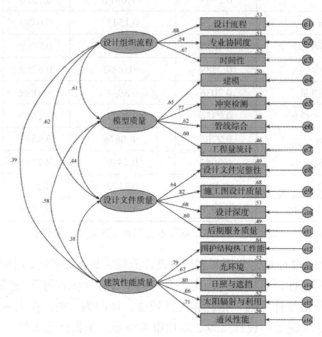

图9-4　结构模型及拟合结果

2. 结构方程模型评价

在对拟合度指标进行检验之前，首先根据图中任意三个潜在变量的相关系数大于0.6的结论得出结构模型不需要进行二阶验证性因子分析。

其次，潜在变量与变量的因子载荷系数标准为0.5～0.95较为恰当，若不满足，删除该指标，重新进行验证，图9-4中因子载荷系数满足标准，说明模型变量能够较好地反映测量变量。

综合文献及相关指标含义，选取：χ^2/df、RMSEA、NFI、IFI、CFI五项指标进行模型整体效度的衡量。如表9-9所示。

表9-9　模型拟合度指标

指标	χ^2/df	RMSEA	NFI	IFI	CFI
拟合指标值	2.521	0.014	0.975	0.984	0.984

χ^2/df是卡方值与自由度的比值，卡方值属于敏感指标，受样本数量影响较大，相对来说卡方自由度比值的敏感性更低，但随着样本数量的增加，比值会变大。鉴于样本指标小于200，故将该指标列为标准之一，$\chi^2/df \leqslant 3$即符合标准。

RMSEA是近似误差均方根，旨在评价模型的不拟合指数，愈接近0表示拟合愈良好。RMSEA≥0.1代表模型拟合较差。

NFI是规范拟合指数、IFI是增值适配指标、CFI是适配度指标，以上三个指标值皆需在0.9以上才表明模型适配度良好。

通过表9-9中数值与标准对比，可得出本结构模型拟合度良好的结论，该模型可以被接受。

第四节　设计质量评价指标等级的确定

根据对问卷数据的统计筛选与分析，将评价体系中的指标进行定性与定量的区分。如表9-10所示。

表9-10　指标分类

设计流程	定性
专业协同度	定性
时间性	定量
建模	定性
冲突检测	定性
管线综合	定性
工程量计算	定性
设计文件完整性	定量
施工图设计质量	定量
设计深度	定性
后期服务质量	定性
围护结构热工性能	定量
光环境	定量
太阳能辐射与利用	定量
自然通风性能	定量
日照与遮挡	定量

一、定量指标的确定

（一）时间性

设计文件的时间性通常由设计周期体现，设计周期是指根据有关设计深度和设计质量标准所规定的各项基本要求完成设计文件所需要的时间，是根据有关建筑工程设计法规、基本建设程序及有关规定和建筑工程设计完的规定制定设计周期定额。设计周期定额考虑了各项设计任务一般需要投入的力量，对于技术上复杂而又缺乏设计经验的重要工程，若需在技术设计阶段增加设计时间，则应主管部门审批核实。阶段性周期调整应在总设计周期的控制范围内。设计周期短极易造成施工图图纸质量低下，而设计周期过长会影响施工阶段的施工周期。

故在合同中，建设方与设计方有对设计周期的明确规定。然而在实际设计过程中，影响设计进程的因素十分复杂，对于建设方造成的设计周期延长，设计单位可以依据相关规定对建设方提出延长申请。

综合各项因素，对项目设计时间性的等级划分如下：责任方非设计单位导致的按规定可在延迟周期内完成的为三级。责任方为多方但涉及设计单位导致周期延长且可按相关规定在延长期内完成的为二级。由于设计单位原因导致设计文件未按时完成的为一级。

（二）完整性

《民用建筑工程设计质量评定标准》对于文件完整性考核标准如下：

① 无上级批准的设计计划任务书，从设计总负责人所在的主题专业得分中减3分。

② 无设计合同或协议书的（特殊情况需向上级部门批准），设计总负责人所在专业从得分中减2分。

③ 如有超标准、超面积、超投资（三超），出图前未取得上级有关部门补充批文或证件者，从设计总负责人所在的专业和直接导致"三超"的专业得分中各减3分。

④ 项目设计中无相关的建设红线图和其他必备的设计依据资料，各有关专业从得分中减2分。

⑤ 无工程地质勘查报告（含由持证单位提供的地质勘查报告书或由地质勘查专业人员，在现场采取其他简单手段探明地质情况做出结论并提供书面资料），结构专业为不合格。

⑥ 无工程概预算书，该项工程项目设计为不合格。

除该评定标准强制所需的以上文件，另外附加施工图图纸、相关计算书、专业会签三项，共九项内容来对设计文件的完整性进行等级评定。

故等级评定如下：所有九项全部完成的为三级，①～④与施工图图纸、相关计算书、专业会签七项有一定的缺失的为二级，⑤、⑥两项中有缺失的为一级。

（三）施工图设计质量

设计质量归类如表9-11所示。

表9-11　设计质量归类

I类错误	A. 严重违反规范、标准、规定，有可能造成严重影响安全和使用的错误。 B. 设计不周或有严重错误，有可能造成不能正常使用、不安全或重大经济损失。 C. 严重影响报建及销售工作的进行，如容积率面积（包含各个分部）超过政府允许的误差
II类错误	A. 局部违反规范、标准、规定但容易修正且返工量不大。 B. 设计不周、构造或用料不当，有可能造成影响局部使用效果或重要部分尺寸的错误，有可能造成严重后果。 C. 工种配合严重错误或局部遗漏有可能影响使用，或造成施工返工，如梁上预埋孔洞严重影响结构安全。 D. 结构专业计算、构造层层加码，造成严重浪费者。如设计荷载取用过大，实际配筋又大于计算要求很多等。 E. 严重影响销售工作的进行，各配套设施建筑或功能区未详细标明或标识不清
III类错误	A. 容易修正且不造成使用或安全缺陷，但会给建设单位、施工单位带来麻烦。 B. 工种配合的一般性错误，容易修正，且不致影响使用效果及安全

根据每张A1施工图纸的错误性质和数量，分为三个等级：

一级：平面图III类错误多于10个，其他图纸错误III类错误多于8个，II类错误多于2个者。凡有I类错误均属于一级。

二级：平面图III类错误不多于10个，其他图纸错误III类错误不多于8个，II类错误不多于2个者。

三级：平面图III类错误少于4个，其他图纸错误III类错误少于2个，无II类及III类错误者。

二、定性指标的确定

结合贝叶斯网络的原理及在参考相关文献的基础上，对设计流程、专业协同度、设计深度、后期服务质量等定性指标的量化处理采用专家评分法，以专家打分的平均值作为该项指标的最终得分，考虑到专家打分普遍较高，故按以下标准分类0~60，60~80，80~100。

设计深度的具体要求在住房和城乡建设部于2016年印发的《建筑工程设计文件编制深度规定（2016版）》中有详细规定，由于在运用BIM技术进行项目设计的过程中，设计阶段模糊，故在对设计文件质量进行评价时，设计深度的标准按照施工图设计阶段的规定评判。由于细条过多，不再一一阐述。

其余评价指标如表9-12所示，由此体现设计过程中各子因素对模型设计质量的影响和贡献。评价标准是依据现行相关工程设计的法律法规、管理标准和技术标准确定完成的。同理，专家打分的平均值是指标最终得分的依据。

表9-12中的建模部分与设计文件质量中的施工图设计质量评定有类似重复项，

考虑我国目前使用BIM技术进行设计有以下三种情况：全过程使用BIM软件进行建筑工程设计；考虑实际施工现场，仍需CAD图纸进行施工参考；依照CAD初步设计图纸，利用BIM软件模型重新对工程进行深化设计。由此在模型质量评定部分与施工图质量评定部分都需从CAD图纸角度出发进行具体评价，以保证评价的全面性。

表9-12　定性指标专家评分标准

编号	评价标准	分值	得分
C11	设计流程	100	
	1.设计人员能有效、直观地识别设计流程，明确流程输出	15	
	2.设计流程具备明晰的过程结构和阶段属性特征	15	
	3.项目负责人、专业负责人和设计人员在流程中角色分明，对号入座	10	
	4.设计关键节点任务充分展开，反映出流程独有的设计专业属性	10	
	5.设计流程能清晰地展示分类响应规则	10	
	6.设计经验被充分固化	10	
	7.设计流程相关责任主体全面参与，达成设计方面共识	10	
	8.设计流程能匹配建设方的具体需求	10	
	9.设计流程与相应的硬件软件、资源与技能相匹配	10	
C12	专业协同度评判标准	100	
	1.专业之间具有协调性	20	
	2.具有良好的工作态度，保持良好心态处理问题	20	
	3.正确理解本专业，迅速、适当处理临时工作	20	
	4.遇到问题，专业间能互相配合，提出最佳方案，积极为其他专业提供帮助	20	
	5.在设计计划时间内解决专业内外问题	10	
	6.积极接纳、建议、有组织、有计划地改进工作，愿意为其他参与人员提出积极的建议和意见	10	
C21	建模	70	
	建筑	100	
	1.建模精度与《模型交付验收表》相符	10	
	2.建模方法与参考规格书相符	20	
	3.设计总说明	20	
	3.1建筑形态：层高、层数符合建筑使用功能、工艺要求和技术经济条件，符合专用建筑设计规范要求	8	
	3.2材料做法：墙体、楼地面、地下防水及屋面的做法符合《民用建筑设计统一标准》(GB50352—2019)的相关规定	8	

续表

编号	评价标准	分值	得分
C21	3.3门窗：门窗尺寸、编号符合《建筑信息模型应用统一标准》（GB/T51212—2016）相关要求	4	
	4.平面图	20	
	4.1平面布置：根据建筑的使用性质、功能、工艺要求，布局合理，有一定的灵活性	8	
	4.2平面尺寸：平面布置的柱网、开间、进深等定位符合现行国家标准《建筑模数协调标准》（GB/T50002—2013）的有关规定	4	
	4.3构件尺寸、标高：墙体厚度、墙体高度、地面厚度、地面标高、墙体底（顶）标高、设备基底尺寸符合《民用建筑设计统一标准》相关规定	8	
	5.剖立面图	10	
	5.1门窗：复核尺寸、标高	5	
	5.2剖面标高：阳台、露台、卫生间、厨房、集水井、电梯井基坑等标高变化区域符合相关规定	5	
	6.节点详图	10	
	6.1结合平面、立面、剖面复核节点（线条）范围（长度）	5	
	6.2构造做法核对	5	
	7.楼梯、坡道、电扶梯、电梯详图	10	
	7.1剖面：复核踏步尺寸、斜坡角度	4	
	7.2构造做法核对	2	
	7.3标高：起步标高、电梯基坑标高符合相关设计要求	4	
	结构	80	
	1.建模精度与《模型交付验收表》相符	10	
	2.建模方法与参考规格书相符	15	
	3.设计总说明	20	
	3.1梁、柱、楼板符合《混凝土结构设计规范》与《钢结构设计规范》	10	
	3.2构造柱、圈梁、过梁做法符合《混凝土结构设计规范》（GB50010—2010）（2015年版）与《钢结构设计规范》（GB50017—2017）	5	
	3.3材料标号、钢材型号符合《混凝土结构设计规范》（GB50010—2010）（2015年版）与《钢结构设计规范》（GB50017—2017）	5	
	4.平面图：构件平面布置、截面尺寸、定位标高符合相关规范	15	
	5.节点、楼梯详图与建筑详图关联一致	20	

编号	评价标准	分值	得分
C21	MEP	100	
	1.建模精度与《模型交付验收表》相符	25	
	2.建模方法与参考规格书相符	25	
	3.对照设计说明，不同区域、不同管径下材质准确度	25	
	4.系统图与平面图统一	25	
C22	冲突检测	100	
	建筑	25	
	1.墙体与结构构件（梁、柱、混凝土墙）	5	
	2.楼板开洞与设备管线	5	
	3.门窗与设备管线、结构构件、立面线条	5	
	4.烟道、管线管井、风井与设备管线	5	
	5.楼梯、坡道净高	5	
	结构	25	
	1.核心筒洞口与设备管线	10	
	2.结构楼板开洞与设备管线	5	
	3.边缘约束构件与设备管线	5	
	4.梁上留洞与设备管线	5	
	MEP	50	
	1.机电管线之间冲突	10	
	2.机电管线与结构构件	10	
	3.机电管线与建筑门窗遮挡	10	
	4.机电管线影响交通运行	10	
	5.机电管线与安装空间及检修空间的影响	10	
C23	管线综合	100	
	1.管线综合是否违背管综原则	40	
	2.管线综合是否有遗漏区域	30	
	3.管线综合是否满足设计上对空间的要求	30	
C24	工程量统计	100	
	1.核对建筑专业工程量统计	35	
	2.核对结构专业工程量统计	35	
	3.核对MEP专业工程量统计	30	

参考文献

[1]王津红，倪伟桥，王朔．BIM建筑设计实例[M]．北京：中国建筑工业出版社，2013．

[2]卢琬玫．BIM技术及其在建筑设计中的应用研究[D]．天津：天津大学，2013．

[3]王慧琛．BIM技术在绿色公共建筑设计中的应用研究[D]．北京：北京工业大学，2014．

[4]翟建宇．BIM在建筑方案设计过程中的应用研究[D]．天津：天津大学，2013．

[5]张尚，任宏，Albert P C Chan．BIM的工程管理教学改革问题研究（一）[J]．建筑经济，2015，36（1）：113-116．

[6]张尚，任宏，Albert P C Chan．BIM的工程管理教学改革问题研究（二）[J]．建筑经济，2015，36（2）：92-96．

[7]李建成．适应BIM时代的建筑教育对策[J]．西部人居环境学刊，2014，29（6）：1-5．

[8]帕韦尔科，切西．当今大学本科课程中的BIM课程[J]．建筑创作，2012，11（10）：20-29．

[9]任江，吴小员，周汉钦．BIM数据集成驱动可持续设计[M]．北京：机械工业出版社，2014．

[10]陈杰，武电坤，任剑波．基于Cloud-BIM的建设工程协同设计研究[J]．工程管理学报，2014，27（5）：27-31．

[11]宗亮，刘延志．基于国内应用案例的BIM技术分析与建议[J]．河南建材，2015，16（5）：6-9．

[12]田晨曦．建筑信息模型（BIM）技术扩散与应用研究[D]．西安：西安建筑科技大学，2014．

[13]何清华，张静．建筑施工企业BIM应用障碍研究[J]．施工技术，2012，41（11）：80-83．

[14]王宇，常茜．工欲善其事必先利其器——BIM实践案例及经验体会[J]．建筑学报，2011（6）：101-104．

[15]蔡伟庆．BIM的应用、风险和挑战[J]．建筑技术，2015，46（2）：134-137．

[16]田可耕．BIM推广应用的障碍在哪[J]．施工企业管理，2014，29（7）：66-68．

[17]张静．绿色建筑整合设计过程初探[D]．济南：山东建筑大学，2010．

[18]付晓惠．绿色建筑整合设计理论及其应用研究[D]．成都：西南交通大学，2011．

[19]李慧敏，杨磊，王健男．基于BIM技术的被动式建筑设计探讨[J]．建筑节能，2013，21（1）：62-64．

[20]丁依霏．基于绿色建筑评价标准的绿色建筑设计初探[D]．北京：清华大学，2007．

[21]杨维菊．绿色建筑设计与技术[M]．南京：东南大学出版社，2011．

[22]王文栋．参数化设计的研究与探索[D]．北京：中央美术学院，2012．

[23]李玉娟．BIM技术在住宅建筑设计中的应用研究[D]．重庆：重庆大学，2008．

[24]川余琼. 方案阶段建筑节能参数化设计方法研究[D]. 北京：清华大学，2011.

[25]任娟，刘煜，郑罡. 基于BIM平台的绿色办公建筑早期设计决策观念模型[J]. 华中建筑，2012，22（12）：45-48.

[26]何永祥，潘志广，黄世超. BIM技术在施工图绘制中的应用研究[J]. 土木建筑工程信息技术，2013，5（2）：15-22.

[27]张晓菲. 探讨基于BIM的设计阶段的流程优化[J]. 工业建筑，2013（7）：155-158.

[28]马末妍. 基于LEED标准的绿色建筑设计模式研究[D]. 合肥：合肥工业大学，2010.

[29]杨恒峰，闫文凯. 基于BIM技术在逃生疏散模拟方面的初步研究[J]. 土木建筑工程信息技术，2013，5（3）：63-67.

[30]田智华，续晨，王陈栋. 深圳地区某公共建筑活动外遮阳自然采光效果分析[J]. 建筑节能，2011（1）：41-43.

[31]支家强，赵靖，辛亚娟. 国内外绿色建筑评价体系及其理论分析[J]. 城市环境与城市生态，2010（2）：43-47.

[32]杨柳. 绿色建筑评价技术与方法研究[J]. 城市建设理论研究（电子版），2015（20）：22-24.

[33]李涛，刘丛红. LEED与绿色建筑评价标准结构体系对比研究[J]. 建筑学报，2011，22（3）：75-78.

[34]马智亮，张东东，马健坤. 基于BIM的IPD协同工作模型与信息利用框架[J]. 同济大学学报（自然科学版），2014，42（9）：1325-1332.

[35]郭俊礼，滕佳颖，吴贤国. 基于BIM的IPD建设项目协同管理方法研究[J]. 施工技术，2012，41（22）：75-79.

[36]陈杰，武电坤，任剑波. 基于Cloud-BIM的建设工程协同设计研究[J]. 工程管理学报，2014，28（5）：27-31.

[37]李犁，邓雪原. 基于BIM技术的建筑信息平台的构建[J]. 土木建筑工程信息技术，2012，4（2）：25-29.

[38]高兴华，张洪伟，杨鹏飞. 基于BIM的协同化设计研究[J]. 中国勘察设计，2015（1）：77-82.

[39]何关培. "BIM"究竟是什么？[J]. 土木建筑工程信息技术，2010，2（3）：111-117.

[40]赵昂. BIM技术在计算机辅助建筑设计中的应用初探[D]. 重庆：重庆大学，2006.

[41]李犁. 基于BIM技术建筑协同平台的初步研究[D]. 上海：上海交通大学，2012.

[42]潘平. BIM技术在建筑结构设计中的应用与研究[D]. 武汉：华中科技大学，2013.

[43]何关培. BIM和BIM相关软件[J]. 土木建筑工程信息技术，2010，2（4）：110-117.

[44]陈桐. 超高层建筑发展趋势研究初探[D]. 北京：中国建筑设计研究院，2017.

[45]李妍君. 基于Revit的建筑信息模型功能拓展包的设计与实现[D]. 武汉：华中科技大学，2014.

[46]刘芳. BIM技术在广州市财富中心项目中的应用研究[D]. 长沙：湖南农业大学，2014.

[47]李智杰. 基于BIM的智能化辅助设计平台技术研究[D]. 西安：西安建筑科技大学，2015.

[48]樊永生．建筑信息模型的空间拓扑关系提取和分类研究[D]．西安：西安建筑科技大学，2013．

[49]陈晨．基于BIM的GZ塔项目工程管理研究[D]．大连：大连理工大学，2015．

[50]范传祺，关群，李鹏飞．BIM技术在某超高层建筑工程中的应用[J]．城市住宅，2018，25（11）：62-65．

[51]姜晓龙．BIM技术在机电安装工程中的应用研究[D]．长春：吉林建筑大学，2017．

[52]钟铁夫．基于BIM的框架结构参数化设计研究[D]．沈阳：沈阳工业大学，2016．

[53]万里．BIM技术在钢结构厂房建造中的应用研究[D]．广州：华南理工大学，2016．

[54]海洋，王晓飞，白晓红．BIM技术在钢结构厂房制作安装中的应用[J]．钢结构，2018，33（6）：123-127．

[55]黄子浩．BIM技术在钢结构工程中的应用研究[D]．广州：华南理工大学，2013．

[56]王耀耀，韩中伟，李宝江．BIM技术在优化钢筋工程中的应用[J]．价值工程，2019，38（1）：128-131．

[57]陈鹏宏．BIM技术在建筑设计阶段的应用研究[D]．青岛：青岛理工大学，2016．

[58]杨东旭．基于BIM技术的施工可视化应用研究[D]．广州：华南理工大学，2013．

[59]周冀伟．BIM技术应用于房建工程计量中的关键问题研究[D]．北京：北京交通大学，2018．

[60]王昌兴．MIDAS/Gen应用实例教程及疑难解答[M]．北京：中国建筑工业出版社，2014．

[61]侯晓．MIDAS/Gen常见问题解答[M]．北京：中国建筑工业出版社，2014．

[62]孙悦．基于BIM的建设项目全生命周期信息管理研究[D]．哈尔滨：哈尔滨工业大学，2011．

[63]刘畅．基于BIM技术的YK项目设计质量管理研究[D]．广州：华南理工大学，2015．

[64]闫文凯，李霞，哈歆．BIM技术助力提升设计质量-可视化设计与模型分析[J]．土木工程建筑信息技术，2009，1（5）：5-14．

[65]张楠，孙斌．探寻省级设计院的三维协同设计之路[J]．中国建设信息化，2016，12（13）：46-48．

[66]李凯．BIM技术在建筑设计阶段的应用[D]．合肥：安徽建筑大学，2016．

[67]孟晓健．铁路车站BIM设计研究[J]．铁道标准设计，2012，3（11）：45-49．

[68]何关培．BIM总论[M]．北京：中国建筑工业出版社，2011．

[69]佟铁．走出BIM的认识误区[J]．工程建设标准化，2015，10（9）：18-19．

[70]兰晶晶．基于BIM技术的绿色建筑评价与优化研究[D]．南京：东南大学，2016．

[71]李占盛．住宅小区设计质量评价研究[D]．大连：大连理工大学，2007．

[72]周文．工程施工图设计质量评价[D]．成都：西南交通大学，2011．

[73]郭涛．工业建筑设计质量评价的应用研究[D]．西安：西安建筑科技大学，2008．

[74]高喜珍，李裕．POE及其在公共建筑使用评价中的应用[J]．天津理工大学学报，2010，26（21）：78-81．